全国餐饮职业教育教学指导委员会重点课题成果系列教材
餐饮教育创新技能型人才培养新形态一体化系列教材

总主编 ◎ 杨铭铎

厨政管理实务

主　编　严金明　石宝生　刘建鹏
副主编　付　炎　崔震昆　何志贵　陈开云
编　者　（按姓氏笔画排序）
　　　　石宝生　付　炎　刘建鹏　严金明
　　　　李　青　何志贵　陈开云　崔震昆
　　　　韩国玮

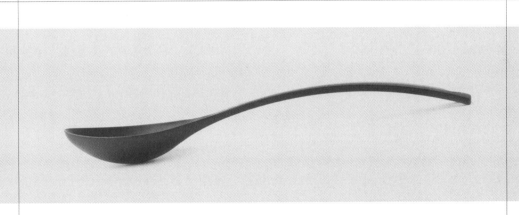

U0278698

华中科技大学出版社
http://press.hust.edu.cn
中国·武汉

内 容 简 介

本书是全国餐饮职业教育教学指导委员会重点课题成果系列教材、餐饮教育创新技能型人才培养新形态一体化系列教材。

本书共有十一个模块,包括餐饮运作过程概论、组织建构技巧、烹调布局技巧、人员配置方案、菜单设计技巧、价格确定技巧、出品控制技术、采购控制技术、储存控制技术、经营分析技术和生意:永远是"生"。

本书适合高等院校酒店管理、餐饮管理、烹调工艺与营养等相关专业使用,也适合作为酒店职业经理人、厨师长的培训教材及厨政管理师考证的辅导教材。

图书在版编目(CIP)数据

厨政管理实务/严金明,石宝生,刘建鹏主编. —武汉:华中科技大学出版社,2020.7(2025.1重印)
ISBN 978-7-5680-6330-2

Ⅰ.①厨⋯　Ⅱ.①严⋯　②石⋯　③刘⋯　Ⅲ.①饮食业-厨房-商业管理-教材　Ⅳ.①TS972.26　②F719.3

中国版本图书馆 CIP 数据核字(2020)第 121800 号

厨政管理实务
Chuzheng Guanli Shiwu

严金明　石宝生　刘建鹏　主编

策划编辑:汪飒婷
责任编辑:史燕丽
封面设计:廖亚萍
责任校对:李　弋
责任监印:周治超
出版发行:华中科技大学出版社(中国·武汉)　　电话:(027)81321913
　　　　　武汉市东湖新技术开发区华工科技园　　邮编:430223
录　　排:华中科技大学惠友文印中心
印　　刷:武汉科源印刷设计有限公司
开　　本:889mm×1194mm　1/16
印　　张:8.5
字　　数:244千字
版　　次:2025年1月第1版第5次印刷
定　　价:39.80元

全国餐饮职业教育教学指导委员会重点课题成果系列教材

餐饮教育创新技能型人才培养新形态一体化系列教材

丛书编审委员会

主　任

姜俊贤　全国餐饮职业教育教学指导委员会主任委员、中国烹饪协会会长

执行主任

杨铭铎　教育部职业教育专家组成员、全国餐饮职业教育教学指导委员会副主任委员、中国烹饪协会特邀副会长

副主任

乔　杰　全国餐饮职业教育教学指导委员会副主任委员、中国烹饪协会副会长

黄维兵　全国餐饮职业教育教学指导委员会副主任委员、中国烹饪协会副会长、四川旅游学院原党委书记

贺士榕　全国餐饮职业教育教学指导委员会副主任委员、中国烹饪协会餐饮教育委员会执行副主席、北京市劲松职业高中原校长

王新驰　全国餐饮职业教育教学指导委员会副主任委员、扬州大学旅游烹饪学院原院长

卢　一　中国烹饪协会餐饮教育委员会主席、四川旅游学院校长

张大海　全国餐饮职业教育教学指导委员会秘书长、中国烹饪协会副秘书长

郝维钢　中国烹饪协会餐饮教育委员会副主席、原天津青年职业学院党委书记

石长波　中国烹饪协会餐饮教育委员会副主席、哈尔滨商业大学旅游烹饪学院院长

于干千　中国烹饪协会餐饮教育委员会副主席、普洱学院副院长

陈　健　中国烹饪协会餐饮教育委员会副主席、顺德职业技术学院酒店与旅游管理学院院长

赵学礼　中国烹饪协会餐饮教育委员会副主席、西安商贸旅游技师学院院长

吕雪梅　中国烹饪协会餐饮教育委员会副主席、青岛烹饪职业学校校长

符向军　中国烹饪协会餐饮教育委员会副主席、海南省商业学校校长

薛计勇　中国烹饪协会餐饮教育委员会副主席、中华职业学校副校长

王　劲　常州旅游商贸高等职业技术学校副校长

王文英　太原慈善职业技术学校校长助理

王永强　东营市东营区职业中等专业学校副校长

王吉林　山东省城市服务技师学院院长助理

王建明　青岛酒店管理职业技术学院烹饪学院院长

王辉亚　武汉商学院烹饪与食品工程学院党委书记

邓　谦　珠海市第一中等职业学校副校长

冯玉珠　河北师范大学学前教育学院（旅游系）副院长

师　力　西安桃李旅游烹饪专修学院副院长

吕新河　南京旅游职业学院烹饪与营养学院院长

朱　玉　大连市烹饪中等职业技术专业学校副校长

庄敏琦　厦门工商旅游学校校长、党委书记

刘玉强　辽宁现代服务职业技术学院院长

闫喜霜　北京联合大学餐饮科学研究所所长

孙孟建　黑龙江旅游职业技术学院院长

李　俊　武汉职业技术学院旅游与航空服务学院院长

李　想　四川旅游学院烹饪学院院长

李顺发　郑州商业技师学院副院长

张令文　河南科技学院食品学院副院长

张桂芳　上海市商贸旅游学校副教授

张德成　杭州市西湖职业高级中学校长

陆燕春　广西商业技师学院校长

陈　勇　重庆市商务高级技工学校副校长

陈全宝　长沙财经学校校长

陈运生　新疆职业大学教务处处长

林苏钦　上海旅游高等专科学校酒店与烹饪学院副院长

周立刚　山东银座旅游集团总经理

周洪星　浙江农业商贸职业学院副院长

赵　娟　山西旅游职业学院副院长

赵汝其　佛山市顺德区梁銶琚职业技术学校副校长

侯邦云　云南优邦实业有限公司董事长、云南能源职业技术学院现代服务学院院长

姜　旗　兰州市商业学校校长

聂海英　重庆市旅游学校校长

贾贵龙　深圳航空有限责任公司配餐部经理

诸　杰　天津职业大学旅游管理学院院长

谢　军　长沙商贸旅游职业技术学院湘菜学院院长

潘文艳　吉林工商学院旅游学院院长

网络增值服务

使用说明

欢迎使用华中科技大学出版社医学资源网

教师使用流程

（1）登录网址：http://yixue.hustp.com（注册时请选择教师用户）

注册 ▶ 登录 ▶ 完善个人信息 ▶ 等待审核

（2）审核通过后，您可以在网站使用以下功能：

下载教学资源　　　建立课程　　　管理学生　　　布置作业　　查询学生学习记录等

教师

学员使用流程

（建议学员在PC端完成注册、登录、完善个人信息的操作）

（1）PC 端学员操作步骤

　① 登录网址：**http://yixue.hustp.com**（注册时请选择普通用户。）

注册 ▶ 登录 ▶ 完善个人信息

　② **查看课程资源：**（如有学习码，请在"个人中心—学习码验证"中先通过验证，再进行操作。）

选择课程

首页课程 ＞ 课程详情页 ＞ 查看课程资源

（2）手机端扫码操作步骤

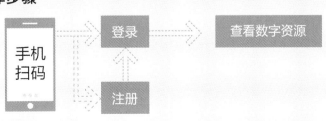

开展餐饮教学研究　　加快餐饮人才培养

　　餐饮业是第三产业重要组成部分,改革开放40多年来,随着人们生活水平的提高,作为传统服务性行业,餐饮业对刺激消费需求、推动经济增长发挥了重要作用,在扩大内需、繁荣市场、吸纳就业和提高人民生活质量等方面都做出了积极贡献。就经济贡献而言,2018年,全国餐饮收入42716亿元,首次超过4万亿元,同比增长9.5%,餐饮市场增幅高于社会消费品零售总额增幅0.5个百分点;全国餐饮收入占社会消费品零售总额的比重持续上升,由上年的10.8%增至11.2%;对社会消费品零售总额增长贡献率为20.9%,比上年大幅上涨9.6个百分点;强劲拉动社会消费品零售总额增长了1.9个百分点。全面建成小康社会的号角已经吹响,作为人民基本需求的饮食生活,餐饮业的发展好坏,不仅关系到能否在扩内需、促消费、稳增长、惠民生方面发挥市场主体的重要作用,而且关系到能否满足人民对美好生活的向往、实现全面建成小康社会的目标。

　　一个产业的发展,离不开人才支撑。科教兴国、人才强国是我国发展的关键战略。餐饮业的发展同样需要科教兴业、人才强业。经过60多年特别是改革开放40多年来的大发展,目前烹饪教育在办学层次上形成了中职、高职、本科、硕士、博士五个办学层次;在办学类型上形成了烹饪职业技术教育、烹饪职业技术师范教育、烹饪学科教育三个办学类型;在学校设置上形成了中等职业学校、高等职业学校、高等师范院校、普通高等学校的办学格局。

　　我从全聚德董事长的岗位到担任中国烹饪协会会长、全国餐饮职业教育教学指导委员会主任委员后,更加关注烹饪教育。在到烹饪院校考察时发现,中职、高职、本科师范专业都开设了烹饪技术课,然而在烹饪教育内容上没有明显区别,层次界限模糊,中职、高职、本科烹饪课程设置重复,拉不开档次。各层次烹饪院校人才培养目标到底有哪些区别?在一次全国餐饮职业教育教学指导委员会和中国烹饪协会餐饮教育委员会的会议上,我向在我国从事餐饮烹饪教育时间很久的资深烹饪教育专家杨铭铎教授提出了这一问题。为此,杨铭铎教授研究之后写出了《不同层次烹饪专业培养目标分析》《我国现代烹饪教育体系的构建》,这两篇论文回答了我的问题。这两篇论文分别刊登在《美食研究》和《中国职业技术教育》上,并收录在中国烹饪协会主编的《中国餐饮产业发展报告》之中。我欣喜地看到,杨铭铎教授从烹饪专业属性、学科建设、课程结构、中高职衔接、课程体系、课程开发、校企合作、教师队伍建设等方面进行研究并提出了建设性意见,对烹饪教育发展具有重要指导意义。

　　杨铭铎教授不仅在理论上探讨烹饪教育问题,而且在实践上积极探索。2018年在全国餐饮职业教育教学指导委员会立项重点课题"基于烹饪专业人才培养目标的中高职课程体系与教材开发研究"(CYHZWZD201810)。该课题以培养目标为切入点,明晰烹饪专业人才培养规格;以职业技能为结合点,确保烹饪人才与社会职业有效对接;以课程体系为关键点,通过课程结构与课程标准精准实现培养目标;以教材开发为落脚点,开发教学过程与生产过程对接的、中高职衔接的两套烹饪专业课程系列教材。这一课题的创新点在于:研究与编写相结合,中职与高职相同步,学生用教材与教师用参考书相联系,资深餐饮专家领衔任总主编与全国排名前列的大学出版社相协作,编写出的中职、高职系列烹饪专业教材,解决了烹饪专业文化基础课程与职业技能课程脱节,专业理论课程设置重复,烹饪技能课交叉,职业技能倒挂,教材内容拉不开层次等问题,是国务院《国家职业教育改革实施方案》提出的完善教育教学相关标准中的持续更新并推进专业教学标准、课程标准建设和在职业院校落地实施这一要求在烹饪职业教育专业的具体举措。基于此,我代表中国烹饪协会、全国餐饮职业教育教学指导委员会向全国烹饪院校和餐饮行业推荐这两套烹饪专业教材。

习近平总书记在党的十九大报告中将"两个一百年"奋斗目标调整表述为:到建党一百年时,全面建成小康社会;到新中国成立一百年时,全面建成社会主义现代化强国。经济社会的发展,必然带来餐饮业的繁荣,迫切需要培养更多更优的餐饮烹饪人才,要求餐饮烹饪教育工作者提出更接地气的教研和科研成果。杨铭铎教授的研究成果,为中国烹饪技术教育研究开了个好头。让我们餐饮烹饪教育工作者与餐饮企业家携起手来,为培养千千万万优秀的烹饪人才、推动餐饮业又好又快地发展,为把我国建成富强、民主、文明、和谐、美丽的社会主义现代化强国增添力量。

全国餐饮职业教育教学指导委员会主任委员

中国烹饪协会会长

出版说明

《国家中长期教育改革和发展规划纲要（2010—2020年）》及《国务院办公厅关于深化产教融合的若干意见（国办发〔2017〕95号）》等文件指出：职业教育到2020年要形成适应经济发展方式的转变和产业结构调整的要求，体现终身教育理念，中等和高等职业教育协调发展的现代教育体系，满足经济社会对高素质劳动者和技能型人才的需要。2019年1月，国务院印发的《国家职业教育改革实施方案》中更是明确提出了提高中等职业教育发展水平、推进高等职业教育高质量发展的要求及完善高层次应用型人才培养体系的要求；为了适应"互联网＋职业教育"发展需求，运用现代信息技术改进教学方式方法，对教学教材的信息化建设，应配套开发信息化资源。

随着社会经济的迅速发展和国际化交流的逐渐深入，烹饪行业面临新的挑战和机遇，这就对新时代烹饪职业教育提出了新的要求。为了促进教育链、人才链与产业链、创新链有机衔接，加强技术技能积累，以增强学生核心素养、技术技能水平和可持续发展能力为重点，对接最新行业、职业标准和岗位规范，优化专业课程结构，适应信息技术发展和产业升级情况，更新教学内容，在基于全国餐饮职业教育教学指导委员会2018年度重点课题"基于烹饪专业人才培养目标的中高职课程体系与教材开发研究"（CYHZWZD201810）的基础上，华中科技大学出版社在全国餐饮职业教育教学指导委员会副主任委员杨铭铎教授的指导下，在认真、广泛调研和专家推荐的基础上，组织了全国90余所烹饪专业院校及单位，遴选了近300位经验丰富的教师和优秀行业、企业人才，共同编写了本套餐饮教育创新技能型人才培养新形态一体化系列教材、全国餐饮职业教育教学指导委员会重点课题成果系列教材。

本套教材力争契合烹饪专业人才培养的灵活性、适应性和针对性，符合岗位对烹饪专业人才知识、技能、能力和素质的需求。本套教材有以下编写特点：

1. 权威指导，基于科研　本套教材以全国餐饮职业教育教学指导委员会的重点课题为基础，由国内餐饮职业教育教学和实践经验丰富的专家指导，将研究成果适度、合理落脚于教材中。

2. 理实一体，强化技能　遵循以工作过程为导向的原则，明确工作任务，并在此基础上将与技能和工作任务集成的理论知识加以融合，使得学生在实际工作环境中，将知识和技能协调配合。

3. 贴近岗位，注重实践　按照现代烹饪岗位的能力要求，对接现代烹饪行业和企业的职业技能标准，将学历证书和若干职业技能等级证书（"1＋X"证书）内容相结合，融入新技术、新工艺、新规范、新要求,培养职业素养、专业知识和职业技能,提高学生应对实际工作的能力。

4.编排新颖,版式灵活　注重教材表现形式的新颖性,文字叙述符合行业习惯,表达力求通俗、易懂,版面编排力求图文并茂、版式灵活,以激发学生的学习兴趣。

5.纸质数字,融合发展　在新形势媒体融合发展的背景下,将传统纸质教材和我社数字资源平台融合,开发信息化资源,打造成一套纸数融合的新形态一体化教材。

本系列教材得到了全国餐饮职业教育教学指导委员会和各院校、企业的大力支持和高度关注,它将为新时期餐饮职业教育做出应有的贡献,具有推动烹饪职业教育教学改革的实践价值。我们衷心希望本套教材能在相关课程的教学中发挥积极作用,并得到广大读者的青睐。我们也相信本套教材在使用过程中,通过教学实践的检验和实际问题的解决,能不断得到改进、完善和提高。

餐饮运作过程概论

任何事物都有规律,餐饮运作亦然。一般地说,餐饮运作可用"投入⇨转换⇨产出"的经济模式来表达。投入的是各种有效资源,如物质资源(原料空间和设备)、人力资源(厨师和服务员)、资本资源(资金)等,产出的是实物产品(食品和情调)和无形产品(服务)。以此为准,展开对餐饮运作过程的论述。

扫码看课件

一、"三过程"论

比较而论,餐饮运作具备了工业生产的一些基本性质。

工业生产是从市场购买原料回来,利用某种生产方式将原料"转换"为成品,然后销售出去。餐饮运作也一样,从市场购买食品原料回来,通过烹调技术的加工制作,将原料烹调为色、香、味、形俱全的食品,再销售出去。它与工业生产不同的是,制作对象、制作方式及产品性质和销售方式均不一样。

同时,餐饮运作也具备了商业服务的一些性质。

商业服务是向厂商购买产品,然后销售给顾客。在厂商和顾客(即生产者与使用者)之间,商业服务起到了非常重要的"桥梁"作用,即经济学意义上的"流通"作用。餐饮运作亦如是,餐厅服务员不生产实物商品,只提供劳务性质的服务,其内容就是销售食品和提供某种形式的就餐服务。在食品的制作者和食品的享用者之间,餐厅服务员同样起到重要的"桥梁"作用。与商业服务不同之处只是形式和内容的区别,在性质上是一样的。

由此可见,要生产一个完整的餐饮产品,餐饮运作首先要进行食品的烹调作业;为了将烹调好的食品销售出去,餐饮运作必须要具备一定的就餐环境和提供相应的就餐服务;同时,为了有效地进行食品烹调、食品销售和就餐服务,它还必须具有良好的协调机制。

将这些归纳起来,可得出一个餐饮运作的基本模式。餐饮运作是由三个基本过程构成的:一是物流过程,即食品的采购和烹调过程;二是服务过程,即食品销售和就餐服务,换言之,就是产品实现价值的过程;三是信息过程,即是使物流过程和服务过程有效运作的保证。这三个基本过程之间特定的联系构成了复杂多变的餐饮运作。

二、物流过程

物流过程就是指食品原料在餐饮企业内的移动和变化。物流过程是食品的采购和烹调过程,是餐饮运作的"主动脉"。

(一)原料的移动和变化

移动,按物理学上解释,就是物体的空间位置的变化,即是指食品原料从此功能部门到彼功能部门之间,或此烹调环节与彼烹调程序之间的传送。变化是指原料在移动中发生的形态、性质和成本等方面的改变。

例如,食品原料从采购仓库传送到厨房部门就是一种移动。在这种移动中,原料的成本也就从此部门转移到彼部门,倘若制度不全、手续不清,原料成本在移动中便容易发生成本上升或减少的变

1

化。在厨房和点心部,原料的移动实际上就是按照既定的工艺流程在岗位与烹调程序之间的移动。原料的变化有两种:一种是原料的形态和性质发生变化;另一种是原料的成本发生变化。前者是由原料变为成品的过程,后者是实现效益的过程。

餐饮经营永恒的主题是食品,故餐饮运作的主要环节就是食品的烹调和销售。食品的烹调对象是食品原料,销售的对象是顾客,从某种意义上说,销售给顾客的食品,就是原料的移动和变化的最终形态。因此,物流过程是餐饮运作中举足轻重的"主动脉"。

(二)物流过程的阶段

大凡食品的烹调和销售,都要先从市场购买原料,经过一系列手续后,交由烹调部门进行制作为成品,然后销售给顾客。简而言之,物流过程是由请购⇨采购⇨储存或直拨⇨加工烹调⇨请购的环节构成。它描述了原料在餐饮运作中最基本的、动态的循环,原料在每个环节的移动中都有不同的变化。

请购是物流过程的始动力,它表现了加工烹调环节中对原料的需求,这种需求又取决于品种决策和顾客的饮食需求。

采购意味着原料成本的发生和损耗。相信稍有点餐饮管理经验的人都会明白,这种原料的投入是否得当,直接影响着企业经营效益的高低,同时又制约着下一个环节的运作。清代名人袁枚在《随园食单》里说:大抵一席佳肴,司厨之功居其六,买办之功居其四,足见采购之重要。稳定的食品质量和经济效益的一个前提条件就是要保证采购质量。

原料移动至烹调部门(发货或领料),即是加工烹调程序。此程序中,原料经过刀工处理和加热调味,被改变了原来的形态和性质,而成为色香味形俱全的食品。这个由粗到精、自生而熟的变化是物流过程中最主要的变化,其标志就是食品质量。它是厨师技术、烹调方式、设备条件和管理水平等因素的综合结果。所以,食品质量的好与坏,对餐饮经营和企业形象有着举足轻重的作用。

原料被烹调成为食品销售出去,实现一定的营业额,这是物流循环过程的目的和必然结果。至此,原料被耗用完毕,又开始新的请购,即又开始另一次物流循环。在餐饮运作中,物流就是这样不断地循环,移动中必有变化,变化中必有移动,周而复此。

三、服务过程

服务过程就是餐饮产品实现价值的过程,也是餐厅接待顾客的服务过程。

(一)餐饮产品的销售

现代经营管理的一个基本观点是:一个企业的生存和发展的目的就是满足特定的市场需求和获取合理的利润。要实现这个目的的唯一选择就是把产品销售出去,在销售中实现其应有的价值:满足需求和获取利润。

对于餐饮企业来说,假如没有顾客到餐厅就餐,那么,再豪华的设施、再优质的食品和服务也是徒有虚名,因为产品不能销售出去,便不能实现应有的价值。尽管这个假设的可能性较小,但它却能证明一点,顾客到餐厅消费即是餐饮产品实现价值的过程。

食品的销售、就餐服务的实现、环境卫生的实施是依靠餐厅服务去完成的,餐厅服务就是围绕着顾客在餐厅里的活动而展开的,唯其如此,顾客的就餐活动(即餐饮产品实现价值的过程)才能正常进行。因此,产品的销售及其价值的实现实际上就是服务循环的过程。

(二)服务过程的阶段

根据这一点,可以把服务过程划分为五个阶段:顾客进入⇨顾客点菜⇨顾客就餐⇨顾客付款⇨顾客离开。酒店餐饮和酒楼餐饮都是遵循这五个阶段而运作的。

这五个阶段都有不同的服务内容,将它们连起来就成为整个服务接待程序了。我们在这里着重讨论的是在服务过程中实现价值的问题。

第一阶段是顾客进入餐厅,即意味着顾客对餐厅的选择。这表明了顾客饮食消费的动机和意向,或果腹、或社交、或讲排场等,同时也表明了顾客对餐厅的选择和信任。这是顾客进行饮食消费的前提,就像顾客决定到某个商场购物一样。它能够说明餐厅在顾客市场中的形象、声誉和竞争优势的某些特点。

这种选择是受到各种因素影响的结果,当顾客具有某种饮食需求并且要实现这种饮食需求时,顾客就会产生多种选择:他可以选择到这个餐厅吃饭,也可以选择到那个餐厅消费。顾客要满足饮食需求,他就要收集有关餐厅的信息和根据自己以往的饮食经验来进行选择。显然,这种选择必然受到餐厅的地理位置、知名度、形象和档次,以及顾客本身的经济能力和饮食偏好诸因素的影响。由于顾客进入餐厅一般都有明确的饮食消费需求,所以,餐饮经营说到底,就是如何吸引顾客到你的餐厅进行消费。

第二阶段是顾客点菜,虽然方式与顾客在商场购物不同,但性质是相同的,都是"购买"的决策和实施过程。当顾客决定吃哪些品种、不吃哪些品种的时候,其行为就相当于许多商业心理学所描述的购买决策和实行购买过程。顾客点菜是顾客选择餐厅的一种反馈和验证,例如所希望的食品特色、价格以及进餐情调和服务水平与亲眼亲身体验到的是否相符,期望值与实际值是否相差太大。

一般而言,顾客决定点菜后,厨房才能"按需烹调",即前述的物流过程(菜肴多以文字供顾客选择,点心多以实物供顾客选择)。所以,顾客点菜是服务过程中的重要阶段。

一方面,它体现出顾客对餐厅的具体需求,体现出市场某个层次饮食需求的特点,用现代营销学的观点去总结,这就是餐饮运作的"动力源泉",物流过程正是以此为导向的。

只有把食品销售出去,餐饮产品才能实现价值

另一方面,也体现出餐饮产品实现价值的程度,因为在顾客的点菜决策中,吃什么和不吃什么实质上决定了他这一次的饮食消费的水平,从而也决定了这个餐位在这一次销售中能够实现的营业收入。推而广之,餐饮产品便是通过每个餐位的销售而实现相应的价值,它包括顾客的满意程度和营业收入。

第三阶段是顾客就餐,其服务内容包括上菜、分菜、斟酒、处理投诉等。从物流过程去看,这是原料流向的必然结果。从服务过程去看,这不仅是顾客消费食品的过程,而且是享用服务和情调的过程,即产品实现价值的过程。它说明了在餐饮运作中,烹调部门和餐厅部门是不可分割、互为依存的关系。

如果说,顾客进入餐厅表明了顾客对餐厅的认可,顾客点菜表明了其购买决策,那么,顾客就餐就是享用其认可和决定购买的食品、服务和情调的过程。其间,食品质量的好坏成为对点菜的一种信息反馈,服务质量和环境情调的好坏证实了顾客对餐厅的选择是否满意,甚至影响下一次的饮食消费的选择。综合起来,就是对餐饮经营管理的评价。

第四阶段是顾客付款,即是服务过程中的结账环节。餐饮运作之所以有别于其他商业服务,其标志之一,恐怕就是顾客在享用了产品之后才付款,而不是像购买电冰箱那样,先付款后试机,再搬回家使用。

从顾客与餐厅(企业)的关系来说,顾客付款是这么一回事:传统观点认为,吃了给钱是天经地义的,这是顾客与餐饮企业的一种等价交换;现代经营观点认为,因为企业是为了满足需求和获取利润而生存和发展,所以,顾客付款是顾客享用产品后满足的表现,是企业产品能够实现价值(利润)的必然途径。

这里,且不去评价传统和现代的观点在本质或形式上的异同,只是着重讨论作为餐饮管理者必须清楚的事实:从顾客进入餐厅开始,餐厅就代表企业与顾客形成一种"契约"关系。对顾客而言,无论他的饮食动机是什么,他进入餐厅就餐,总希望以自己的经济能力所能支付的价格来与餐厅换取某种美食需求的满足,或通过饮食方式达到其他交际目的。就企业而言,如前所述,必须提供满足不同饮食动机的美食需求,并通过满足需求而获取利润。因此,顾客付款是顾客与餐厅完成这种"契约"的手段。

最后一个阶段是顾客离开。在顾客进入餐厅到离开餐厅,顾客对餐厅的食品质量、服务质量和环境情调及价格产生了整体的评价,尽管这种整体评价带有浓厚的主观色彩,但这种评价却影响着顾客下一次饮食消费的选择。

服务过程就是这样一个连续不断的循环,一个循环完了,另一个循环又接着开始。餐饮产品在这种循环中不断实现价值,企业的形象和声誉在这不断的循环过程中得以建立和巩固。

四、信息过程

信息过程就是对物流过程和服务过程的经营管理过程。通俗地去理解,也就是物流与服务的协调过程。

(一)信息过程概述

现代信息论认为,信息是企业运作的必备条件,它体现了企业内部、企业与外部在经营管理上的所有关系。

例如,在餐饮运作中,采购部门与烹调部门之间的联系是以日常的原料计划为形式的。原料计划的表格就成为在企业内部原料的供应者和使用者之间的信息传递媒介,表格上原料的质和量要求便是信息传递的内容。采购部门的采购正是以此为主要依据而进行决策的,至于收货、发货等程序则是原料请购和采购的信息反馈。因为这些程序实际上就是对原料请购和进行采购的有效验证。这种传递和反馈构成了原料流向中的一种"信息循环"。类似这样的信息流在餐饮运作中还有很多,如部门之间、管理层级之间、企业与客户之间、企业与外界的关系等。

现代经营管理的核心就是决策,而决策的实质就是对信息的处理过程。要使餐饮企业能正常运作,不单是烹调食品和提供服务的问题,还要考虑销售什么品种、制订什么样的价格、以什么服务程序为准、综合毛利率为多少等问题,即怎样满足需求和获取利润的决策问题。物流过程和服务过程只是解决了"怎样做",而信息过程则是决定物流过程和服务过程的循环"为什么要这样做"的问题。所以,信息过程是构成餐饮运作的基本过程之一,要使物流过程和服务过程的循环能正常运作,信息过程的功能是必不可少的。

(二)内循环与外循环

具体地说,信息过程分为内循环过程和外循环过程两种。内循环过程是指企业内部各种信息的传递和反馈,外循环过程是指企业与外部的信息交流。

内循环过程包括各功能部门特定的联系,如管理的、协调的、人事的、经营的、财务的信息等。在信息过程的内循环中,最重要和最常见的恐怕就是成本分析了。它包括对餐饮正常运作的所有投入(人、财、物)与产出(产品或营业收入)的定量分析。其中,主要是食品原料的成本分析,因为在中高档的餐厅里,原料成本通常占经营支出的 $40\%\sim50\%$,对经营效益有着举足轻重的影响。

原料成本分析的信息主要来自三个渠道。一是采购储存,原料成本的发生和损耗取决于采购的工作质量、进货价格、采购时间和方式、储存质量等因素的影响,其信息的主要形式是采购储存的有关报表。二是烹调制作过程的信息,表现为烹调部门的原料计划量、实际领料量、实际盘存量和出品量,它必然受到烹调方式、技术水平和管理水平这几个方面的影响,这种信息的形式也是有关的报表和数据。三是营业收入,即顾客付款环节。通常所说的毛利率或成本率就是指毛利额或原料成本额在营业收入中占的百分比,故营业收入是成本分析的重要参数。

原料成本的分析就是根据这三个渠道的信息传递和反馈来进行的,以确定原料成本发生和损耗的程度,常作为评价餐饮运作是否正常的标准之一。除了原料成本分析之外,还有费用分析、财务分析等。

外循环过程就是企业与外部环境保持各种沟通和交流联系的过程。现代系统论认为,企业就是社会环境中的一个系统,为了生存和发展,系统必须要向外部环境获取足够的资源投入,同时又要向外部环境产出能满足需求的产品。要保证这种投入和产出,企业与外部的信息联系是绝不可少的。此中,经营决策就是最主要和最常见的信息外循环形式。

经营决策是根据市场信息和企业自身情况来决定怎样运作。企业自身情况就是信息的内循环,即上述的原料成本分析及各种财务、管理分析。

市场信息可分为两个方面。一方面是来自企业外部的信息,包括同业竞争、宣传媒介、上级或酒店的策略等。例如,要经营一个海鲜酒家,总要看看同业是怎样经营的,海鲜池是否承包给别人,酒店方面有什么限制,然后再决定怎样做。另一方面是顾客信息,主要通过实地调查或咨询调查得到。如上例,光临海鲜酒家会是些什么顾客?其消费水平和特点又如何?本区域饮食消费市场的构成和特征又是怎样的?只有充分地掌握市场各个方面的信息,才有可能作出合理的经营决策。

餐饮管理者必须记住,要使餐厅能满足需求和获取利润,奥秘在于决策者对市场信息的把握和理解,这是使餐饮运作取得合理的经营效益和社会效益的条件之一。

经营决策的内容是多样的,如形象决策、品种决策、服务决策、促销决策等,这一系列决策是相互关联又各自独立的组成部分。

形象决策的内容是多层面的构成,如餐厅装修、门面装饰、品种和服务以及价格的档次等,它取决于决策者本身的经营观点和魄力,也取决于餐厅所在区域的饮食环境和饮食市场的需求。

品种决策就是决定这个餐厅卖什么、不卖什么,这是经营决策中最具体实在的一种。因为采购什么原料、储存什么原料、销售什么品种、烹调什么品种都取决于品种决策,所以,它实际上左右着物流过程的运作,这就是所谓"品种决定论"。

服务决策的内容包括服务方式、服务项目、服务程序、服务水平及其控制等,这是服务过程的保证。

促销决策就是考虑餐饮部在竞争中怎样卓有成效地运作,如价格策略、广告策略、公关策略等。

严厨管理实践:背景

2019 年的三月底,熊子涵(本书案例中所使用的均为化名,请勿对号入座)终于与坐落在华南某大城市繁华的商业中心区的、有 33 层高的白云大厦的业主签订了合同,由熊先生出资 1500 万元人民币装修该大厦的一、二层楼,用于开设中高档酒楼。

熊先生现年 38 岁,是位成功的房地产开发商。他学历不高,可博览群书,悟性特好,古今中外知识无不涉猎。近十多年在房地产生意上的历练,练就了他那种随和、豁达和精明的品性。熊先生还是个美食家,喜欢品尝天下美味。他认为,与其说去品尝别人的美食,倒不如自己去创造美食,这是他进军餐饮业的一个重要原因。

按照熊先生的设想,这个酒家名叫"餐桌的记忆海鲜酒家",以经营中高档粤菜为主,主要市场定位是商务客源。其中一楼面积 800 m²,设有厨房、点心部、烧卤部、仓库、行政办公室等,大厅面积约 400 m²,可开筵 25 席;二楼面积 800 m²,设有 23 个厅房,两层楼的设计餐位共是 480 个。

　　熊先生亲自设计酒家的装修方案，突出了"清雅、品味"的理念。目前，装修工程已经开工，预计五月底可以完工，六月中旬开张试营业。现在熊先生要做的是，马上组建一个管理团队。于是，他找到了张胜。

　　张胜现年36岁，是20世纪80年代初期北方某著名商学院酒店管理专业的大学毕业生，十多年来在餐饮界里走南闯北，算是小有名气了。那天晚上他与熊先生一拍即合，三天之后，张胜正式走马上任了。

思考题

1. 简述物流过程的意义和阶段。
2. 简述服务过程的意义和阶段。
3. 简述信息过程的意义和阶段。

组织建构技巧

扫码看课件

严厨管理实践：组织管理结构探索

张胜上任后的首要工作，就是要设计出一个组织管理方案。这对于身经百战的张胜来说，虽说是小菜一碟，但张胜仍然不敢大意。因为他知道，一个好的组织管理模式对于整个酒家运作是至关重要的，每个酒家的管理模式不同，其组织结构也不尽相同，尤其是对于私营酒家来说，如何集权与分权，更是一个敏感而重要的问题。餐饮组织管理结构的模式有很多，到底哪个模式适合于严厨呢？

一、组织原则

在进行餐饮组织建构时，每个餐饮管理者都要面对四个问题：第一，组织中应该有些什么单位？第二，哪些部门应该结合在一起，哪些部门应该分开？第三，各不同部门相应的规模和形式应该是怎样的？第四，各不同单位之间的恰当配置和管理关系应该是怎样的？

要解决这些问题，就要涉及下面谈到的建构原则。

（一）功能部门化

关于前三个问题，可用功能部门化原则解释。根据餐饮企业或餐饮部的运行规律和程序，按照不同的功能和责权划分不同的部门，这就是功能部门化。

在这方面，以往的餐饮组织提供了很好的模式。例如，餐厅、厨房、点心部等，这些众所周知的部门，就是根据实际功能的不同而部门化的，并以一定的标准来确定部门的规模、形式和关系。

现在的餐饮组织基本上是按照这个模式来建构的，如果说有区别的话，那只是表现在各部门的专业分工更明显、更细致而已。例如，将采购独立成为一个部门，将采购者和验收者分流处理，明确两者之间的职责和界限；将写单据计价独立成为营业部，使其在销售服务中发挥更大的作用。因为，现代餐饮管理特别注重客源和货源，将其看做是与组织息息相关的两个方面，所以，在组织建构中，应设置相应的部门专司其职。

现代餐饮组织建构总的趋向是功能的分工更加专业化。

（二）垂直指挥链

上述提到的第四个问题，是确定组织网络（关系）的重点，可用垂直指挥链和平衡协调原则来说明。先讲垂直指挥链。

垂直指挥链是指组织中管理与被管理的关系，它最明显的优点是避免了多头领导引起的误解和麻烦。垂直指挥链在餐饮组织中的实现，是建立合理的管理层级的条件。

例如，在一些酒家的组织结构中，董事会是组织的最高决策层，由股东或资方派代表组成；酒家的总经理向董事会负责，是组织的主要决策者，又是组织决策的具体操作者；各部门经理均直接向总经理负责，他们是组织决策的协调者和执行者。这样，董事会、总经理、部门经理构成了一个以垂直指挥链为主的、纵向的高中层管理层级。酒店中的餐饮部尽管形式上与此不同，但是，由垂直指挥链构成的三级管理层却是一样的。

垂直指挥和参谋这两者是相辅相成的关系。部门经理对于总经理来说,是被管理同时又是带有参谋性质的关系,部门经理一方面要贯彻执行总经理的决策,另一方面他又是总经理进行决策时的参谋。在任何一个管理层次中,管理与被管理的关系总带有这种参谋性质。特别值得注意的是,由于长期崇拜技术和独尊经验,在一些餐饮组织中,垂直指挥链仅起到辅助性的行政作用,而参谋性质的关系往往取代了指挥链作用,管理与被管理的关系被调乱了,致使组织结构发生"错位"而影响到内部各种关系。

（三）平衡协调

垂直指挥链解决了组织结构中管理与被管理的线性关系。然而,在餐饮运作中,物流过程和服务过程基本是流水线作业性质,这就需要一个协调各部门运作的原则,即平衡协调原则。

平衡协调原则是指同一个管理层级或部门之间,或工种之间在烹制食品、销售服务和各种信息传递反馈上保持沟通和协作,如各功能部门的经理之间、营业部与餐厅之间、烹调部门与餐厅之间、烹调部门与采购之间等。

平衡协调原则在组织运作中的作用非常重要。如果厨房因为某种原因,延误了出菜时间或发生质量问题,就会直接影响到餐厅的销售和服务;如果采购或仓库的人员不负责任,拖延了原料的购入,就会影响到烹调部门的原料供应。餐饮企业运作的物流过程和服务过程,都是以功能部门为基本核算单位,部门之间是否协调,关系到整体运作是否正常,因而,每个企业管理者应善于协调企业内部各种矛盾与不良因素,务求能在充满默契与和谐中使企业的目标得以实现。

（四）精简统一

任何一个组织管理结构应该是精简的,尽量减少结构层次,以保证各部门、各层级之间有快捷正确的信息传递渠道。同时,各层级的设置必须符合统一指挥原则。

精简统一是为了使整个组织运作具有相应的效率。一个餐饮企业或餐饮部门是否能适应瞬息万变的市场竞争,其中一个要素就是精简的组织结构,倘若机构臃肿,人浮于事,就会造成互相扯皮,甚至影响组织的活力。同样,统一指挥也是必需的,每个企业管理者的管理幅度以5～12人为宜,不要形成多头领导,确保各部门和各层级的目标统一。

二、建构技巧

（一）按功能划"线"

按功能划"线"就是按管理轴线划分部门。

管理轴线就是组织中的管理结构问题。任何一个管理者都要考虑,根据企业的条件和实际情况,采取哪种管理结构最为合适?因为管理轴线不仅体现了管理层级,而且规定了各种各样的内部协调关系。

❶ "四线"并举

按功能来划分管理轴线,一般是划分成营业线、烹调线、财务线和后勤线。

营业线主要负责餐饮产品的销售和服务。它包括餐厅(包括各类型的餐厅)、酒水部门、营业部门等,在餐厅管辖下,有备餐间、管事部门等。

烹调线主要负责食品烹调。它包括各个烹调部门,如厨房、点心部、烧卤部,有些地方还包括海鲜池。

财务线主要负责所有涉及钱财支出与收入的控制。在酒店餐饮企业里,它是属于酒店整体管辖的;在独立经营的餐饮企业中,它包括财务部、收款员、采购仓库,有些酒店还包括海鲜池。

后勤线主要负责后勤行政事务。与财务线一样,在酒店餐饮企业中,后勤线是属于酒店整体管辖的;在独立经营的餐饮企业中,后勤线包括办公室、人事部门、工程部门、宿舍等。

②按功能划分

餐饮组织的管理轴线,一般有两种处理方式,一是以功能划分,二是以区域划分。

以功能划分就是以各功能部门来划分最基本的管理核算单位,然后按照营业、烹调、财务、后勤等不同的管理轴线归类,从而形成一个完整的组织结构。这是餐饮企业最常见的形式,图1-1、图1-2的基本模式就是典型例子。以功能划分的管理结构适宜各类餐饮企业的建构。

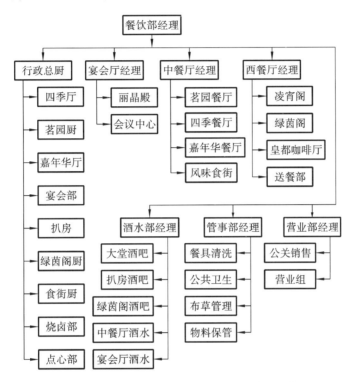

图1-1　广州严厨英豪酒店餐饮部组织管理结构

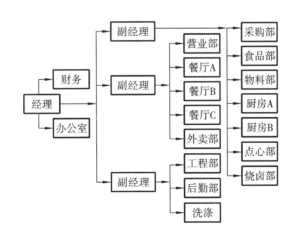

图1-2　广州严厨楚宴酒家组织管理结构

③按区域划分

以区域划分的管理轴线常见于大型的酒店餐饮组织管理结构。在大型的酒店餐饮部,功能部门多,例如,一个五星级酒店往往有3～4个厨房,十多个餐厅,而且分布在酒店不同的空间。如果采取以功能为主的管理轴线来建构的话,就容易出现管理分散、协调不力等问题。所以,一般的做法是以区域来划分管理轴线,即按照分布空间和区域去建立最基本的管理单位,一个生产部门配备一个或多个餐厅,组成一个"区域"部门,整个餐饮部就是由若干"区域"部门组成(图1-3)。

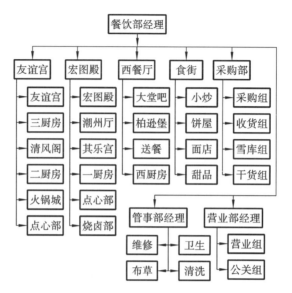

图1-3　金园酒店餐饮部组织管理结构

(二)按三级管理建制

按三级管理建制就是按照三个管理层级来进行建构,分述如下。

❶ **中式餐饮企业三级管理结构**

中式酒店餐饮部的管理岗位如下:餐饮部经理、餐饮部副经理、行政总厨、餐厅经理、营业部经理;厨房主管、点心部主管、餐厅主管、备餐主管;餐厅领班、备餐领班等。

将上述管理岗位按三个管理层次组织起来,构成酒店餐饮组织的管理结构(图1-4)。

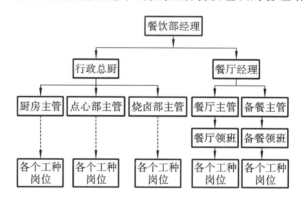

图1-4　酒店餐饮组织的管理结构

中式酒楼的管理岗位如下:总经理、副总经理、行政总厨、楼面经理、营业部经理;厨房主管、点心部主管、烧卤部主管、楼面主任、地喱(广东话,传菜员)主任、管家主任;楼面部长、地喱部长、管家部长等。

由此可见,尽管酒店与酒楼的叫法不一样,但其管理职位基本是一样的,同时,独立经营的酒楼管理岗位要比酒店餐饮部的管理岗位要多。

❷ **营业部管理结构**

营业部的组织管理结构如图1-5所示。

❸ **烹调部门管理结构**

烹调部门的组织管理结构如图1-6所示。

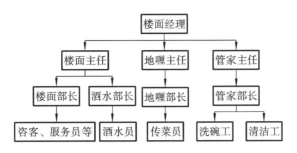

图 1-5　营业部的组织管理结构

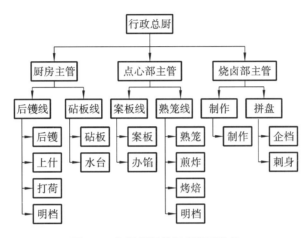

图 1-6　烹调部门的组织管理结构

（三）其他问题

（1）营业部的设置。营业部在广东和港澳餐饮企业中是必不可少的，然而，在其他大城市的餐饮企业中，却没有类似的功能机构，属于营业部的成本核算、计算售价、毛利控制、促销策划等功能一般归入经理或厨师长负责。长期实践经验证明，在组织管理结构中设置营业部，体现了分工专业化和职能部门化原则，对餐饮经营的物价控制、成本控制和促销公关工作的开展有明显的好处，在现代餐饮竞争中，营业部扮演着越来越重要的角色。

营业部的设置一般与其他功能部门同一个管理层次，但营业部的部长（或经理）与其他部长的权力和职责是不同的，这样才能使营业部充分发挥内部协调和对外部促销的作用。在一些酒店餐饮部里，营业部是直属餐饮部经理管辖。

（2）加工部门的设置。这是指对食品原料的粗加工（或初级加工）部门而言。加工部门的设置类似于大型酒店中的中心厨房，将所有原料加工成各种半成品规格，再分送到各功能厨房，既可免去各功能厨房进行粗加工的麻烦；同时，将各厨房粗加工的功能分离出去成为一个专业部门，又可避免各厨房粗加工功能的重复。在珠江三角洲，一些中、大型酒店和酒家已经实行这种做法。从食品制作、成本控制和部门管理等方面来看，这无疑是个好方法。

严厨管理实践：组织管理结构及主要人选

张胜在深思熟虑后，终于决定了"餐桌的记忆海鲜酒家"的组织管理结构。同时，张胜还决定了几个重要的人选。第一位是行政总厨杨平章，第二位是营业总监邀爱琴，第三位是行政总监张晓龙。

　　杨平章入厨二十多年,厨艺精湛,创新意识较好,擅长鲍鱼和燕窝的制作,在小炒类品种方面也颇有建树,在华南地区的本行业里是个有影响的人物。邝爱琴小姐是新扎师姐,虽然从业时间不长,但凭着她酒店管理专业本科毕业的资历,再加上她生性乐观、善于与人沟通的本领,很快就在年轻一辈里脱颖而出。张晓龙是董事长熊子涵介绍过来的人,原来是一位电子工程师,一直跟着熊董事长做房地产工作。另外,还有一位是财务总监胡利波,也是长期在熊董事长手下工作的人员。

　　要筹备一个餐厅的开业,工作是非常多的。根据以往的经验,张胜将所有工作大致分解如下。

　　(1)装修方案的确定。

　　(2)各部门的空间布局。

　　(3)各部门设备的安装和调试。

　　(4)管理人员和员工的招聘、到岗和培训工作。

　　(5)菜单设计及价格制定。

　　(6)用具、物料的采购及入仓。

　　(7)原料采购方案。

　　(8)经营方案。

　　(9)开业方案。

　　因为马上就要进行厨房布局和餐厅布局及各部门的人员配置,因此,张胜决定,由杨平章负责烹调部门的布局和人员配置,由邝爱琴负责餐厅布局和人员配置,由张晓龙负责后勤、行政方面的问题和人员配置。

　　为了使筹备工作能够顺利进行,张胜将所有筹备工作列成一个工作进度表。

思考题

1.餐饮组织的建构原则有哪些?

2.试述餐饮组织的建构技巧。

3.请您设计出"餐桌的记忆海鲜酒家"的组织管理结构。

4.请您设计出"餐桌的记忆海鲜酒家"开业筹备工作的工作进度表。

烹调布局技巧

烹调的空间布局是工艺流程在一定的场所里进行合理和有效的组合,它包括工艺流程各个烹调环节(设备和顺序)与各种辅助设施的合理设计,使之成为一个有序的、系统的烹调作业场所。

扫码看课件

严厨管理实践:凯悦宾馆厨房布局

为了更好地理解烹调的空间布局问题,经杨平章介绍,熊子涵、张胜、邃爱琴和张晓龙等五人来到凯悦宾馆厨房参观。

凯悦宾馆的零点餐厅有 500 个餐位,在日常经营中,餐位平均周转率为 150%,平均供应品种 100 个。他们五人发现,在营业高峰期,容易出现上菜速度慢、出错台号、食品质量不稳定等现象。

他们通过对高峰期的观察,发现造成上述现象的原因,除了入厨单与出菜环节脱节、烹调人员和备餐间人员责任心不强之外,就是厨房的布局不合理。厨房(图 2-1)在营业的高峰期,简直就像一个杂乱无章的"农贸市场"。在 A 门口,有运送原料进厨房的、送点菜单入厨房的、送已消毒的碗碟入厨房的、由厨房送成品出来的、运脏碗碟出来的、运原料到冷库的等等,彼此交汇形成多种工作流向,使 A 门口成为拥挤无比的"瓶颈"。在 A 门口旁边,恰好有上什的工作台,使进出厨房的流向不能马上疏通,打荷员工取味料时要到 A 门口旁边的味料档(即味料储存)去取,这样,上什工作台与砧板工作台之间又形成一个"瓶颈"位置。通往水台和菜部的通道狭窄,给输送原料带来诸多不便,砧板师傅时常要与送料人员互相谦让。忙碌的时候,在"瓶颈"位置,人员肩擦肩地来往,不时有因礼让或因来不及礼让而打翻原料、碗碟和成品的事情发生。更糟的是,整个厨房抽风设备不完善,上什的蒸汽未能及时抽出,造成厨房里蒸汽弥漫,人在其中,特别容易感到烦躁和疲劳。

人流和物流的杂乱无章,烹调设备不完善,似乎可以解释为什么会造成上菜速度慢、出错台号多、质量不稳定等现象。诚然,烹调设备不完善可能是因为资金问题,但造成人流和物流杂乱无章的原因是什么呢?他们经过一番分析得出结论,这就是厨房布局不合理造成的!

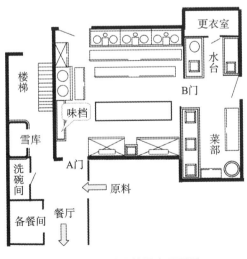

图 2-1　凯悦宾馆厨房平面图

一、烹调布局内容

从"凯悦宾馆"这个案例分析可见,要使烹调部门能够正常运作,或者,要有效地实施各项烹调管理的措施,烹调空间的合理布局是一个不可忽视的客观条件。经验总结说明,不合理的烹调布局,会直接或间接地影响到烹调的操作效率、食品的烹调质量以及员工操作的心理情绪,使原料成本增加、各种费用提高。因此,如何设计一个合理的和有效的物流过程和工作过程,不仅仅是技术和设备的问题,而且是个空间布局问题。

(一)厨房与餐厅的空间比例

烹调空间与餐厅营业空间的比例涉及整体空间的分配和协调。决定烹调空间与餐厅营业空间比例的一个重要因素是烹调方式和正常的设备条件。

确定烹调空间的面积有三种方法,一是根据就餐人数计算烹调面积,二是按照餐位数计算烹调面积,三是按照烹调与餐厅的空间比例确定烹调面积。

❶ 根据就餐人数计算烹调面积

根据就餐人数来计算烹调面积并不十分科学。因为需要确定烹调面积的情况一般只是在设计酒店或设计餐饮时出现,在这个时候所说的就餐人数只能是预测数,而且众所周知,就餐人数是个变量,就算是以全年预测数为基准,准确性也不高。表 2-1 给出了不同就餐人数所需烹调面积的对照情况。

表 2-1　不同就餐人数所需烹调面积对照表

就餐人数/人	平均每位就餐者所需烹调面积/(m²/人)
100	0.697
250	0.48
500	0.46
750	0.37
1500	0.309
2000	0.279

❷ 按餐位数计算烹调面积

不同类型的厨房所需的面积是不一样的,因为烹调面积是根据烹调需求而定的,而烹调需求又取决于餐位数的多少(表 2-2)。

表 2-2　每类餐厅餐位数所对应的烹调面积对照表

餐厅类型	烹调面积/(m²/人)	后场总面积/(m²/每餐位)
自助餐厅	0.5~0.7	
咖啡厅	0.4~0.6	1~1.2
正餐厅	0.5~0.8	

以上两种都是借鉴了西餐的做法,不能说它没有道理,但对于中式餐饮企业运作仅能作为一种参考。

❸ 根据相关空间比例确定烹调面积

在实际操作中,大部分的情况下都是以相关空间比例来确定烹调面积的。以中餐烹调方式和正常的设备条件来看,烹调空间的面积一般应是营业空间面积的 30%~50%。在珠江三角洲地区,大部分是以 4∶6 为准,4 成是烹调空间,6 成是营业空间。在一些老牌餐饮企业里,也有 1∶1 的比例存在。

确定这个比例,要视实际情况而定,假如设备条件好,空间分配允许,应尽量缩小烹调空间。

就实际情况而言,中餐的烹调空间与餐厅空间的比例差较小,西餐的比例差较大,例如咖啡厅,其生产空间与营业空间的比例通常在 2∶8 左右,西厨面积与餐厅面积也不超过 4∶6。

(二)工艺流程

烹调空间布局就是工艺流程在空间里的实现。对于餐饮管理者来说,烹调布局最基本的问题是,在一个有限的空间里怎样组织和实现合理的、有效的工艺流程。由此可见,工艺流程作为烹调布局的内容之一,就是它对烹调的空间布局具有规定性。

这种规定性表现在两个方面。一方面,什么样的工艺流程就决定了什么样的空间布局。由于原料流向和烹调技术的方式不同,决定了菜肴烹制应有其特定的空间布局,点心制作应有其特定的空间布局,西餐烹调也应有其特定的空间布局。另一方面,工艺流程的走向决定了烹调空间的基调。从实践经验总结:菜肴工艺流程的空间实现基本是呈 S 形走向的,即原料从粗加工到成形的空间走向是以 S 形为主导;点心工艺流程的空间实现是以案板(包括制皮和成形工序)为中心的辐射型走向;西餐烹调的空间实现多是以 U 形走向为主。在烹调空间里,工艺流程的走向是功能空间的划分、设备布置的实现、工作流向的确定等布局内容的基本出发点。

(三)三种功能空间

❶ 加热空间

加热空间负责把切配好的原料进行加热调味,最后制成成品,即菜肴工艺流程中的"烹调""半制作""成形""蒸制",点心工艺流程中的"蒸制""煎炸""烘烤",它相当于厨房里面的后镬、打荷、上什和点心部里面的熟笼、煎炸、水镬和烘烤等工种岗位范围。

❷ 切配空间

切配空间负责对原料进行粗加工、刀工处理和搭配,即上述两个工艺流程中的"粗加工""精加工""配菜""制馅""发皮"和"成形"程序,相当于厨房里的砧板、水台、菜部和点心部里面的案板、办馅等工种岗位范围。

❸ 辅助空间

辅助空间是指为保证烹调能正常运作而必备的辅助设施和场所,如储存原料的空间(包括冷库、雪柜、储物柜等)、更衣室、洗碗间和一些必需的过渡空间。

这三种功能空间的比例和划分取决于厨房规模的大小和设备条件的好坏。在大规模的厨房里(如 10 个后镬以上),这三种功能空间的划分是截然分明的,其中加热和切配空间的比例大致为 1∶1,辅助空间与加热和切配空间的比例是 1~(1.5∶2),并且可设在加热和切配空间以外的地方。烹调空间面积比例参考数据如表 2-3 所示。

表 2-3　烹调空间面积比例参考数据

烹 调 区 域	所占百分比
炉灶区	32%
点心区	15%
加工区	23%
配菜区	10%
冷菜区	8%
烧烤区	10%
办公室	2%

在小规模的厨房里,功能空间的比例和划分可能是模糊的。但无论如何,空间分配应尽量保持在一个空间平面上,这样能使原料的移动更为顺利和有效率,而且在空间布局上,可减少原料成本和物料费用的损耗。

(四)设备布置

设备布置就是炉台摆在哪里、砧板工作台摆在哪里、雪柜摆在哪里的问题。这说明,设备的布置对烹调空间布局的作用首先是组织工艺流程,任何工艺流程的空间布局都要借助于设备布置才能得以实施。其次,它决定了功能空间的划分,不同功能空间的设备使用方式是不同的,因而不同的设备及其布置也就确定了功能空间的划分。最后,它规定了工作流向,在空间分配的条件下,设备的布置也就确定了员工的工作流向,如砧板与雪柜之间、炉台与工作台之间、案板与熟笼之间等。所以,烹调空间布局最通俗的理解就是设备布置问题。

(五)工作流向

工作流向就是员工在烹调空间的活动路线。原料是烹调过程的对象,原料在烹调空间的移动便成了联结各功能空间的主要形式,同时,由于烹调基本以手工操作为主,原料在烹调空间里的移动传送多是由人工完成,故原料流向和工作流向相辅相成。不过,工作流向侧重在员工的工作路线,如砧板师傅在砧板与雪柜之间、打荷员工在打荷工作台与后镬工作台之间。在凯悦宾馆的厨房布局案例分析中,可体会到合理设计工作流向的必要性和重要性。工艺流程决定了设备布置,设备布置又决定了工作流向,同时工作流向又影响着设备的布置。

在工作流向中,值得注意的是碗碟流向,这是连接洗碗间(辅助空间)与其他功能空间的形式。就卫生角度而言,它的重要性在于将脏碗碟与消毒的碗碟分流处理,以避免交叉污染;就成本角度而言,合理设计其流向是减少碗碟损耗的客观保证。

上述五个方面的布局内容是相辅相成、互为作用的关系。怎样确定这五个方面的关系,取决于设计者的水平和认识、空间的大小及投资总额。

二、烹调布局原则

(一)烹调布局的基本原则

厨房有无数种可能的布局,因而几乎没有两个厨房专家设计出的厨房会一模一样。每一位设计者都挑选自己喜爱的、而且经过多年经验证明效果良好的布局。

任何烹调空间都是有限的,虽然每一个烹调空间形状都不尽相同,或大、或小、或方形、或长形、或异形,但是就上述烹调布局的内容来看,无论哪一种烹调空间,都要遵循以下四个布局原则。

❶ 形随流程

这就是说,必须按照烹调工艺流程的特点进行烹调布局。凯悦宾馆厨房布局案例分析中已表明,之所以造成各种流向的混乱,归根结底的原因是布局设计不合理。

将烹调工艺流程放到餐饮运作中去看,它就是一个以仓库为起点、以备餐间(即餐厅)为终点的原料移动,反映在空间运动上,这就是由起点到终点的正向流动。因此,形随流程的第一个含义是,在空间运动中,必须体现烹调工艺流程的规律所规定的空间形状,即是对原料的加工烹调的空间运动,必定受到其加工烹调规律的限制。

形随流程的第二个含义是,在烹调部门的空间里,不同的工艺流程应有不同的布局设计。厨房是属于流水线制作,其布局形状就应该在有限的空间里,按各工序在流程中的顺序位置来组合排列,通过设备布置和工作流向的联系使其成为有序的、合理的作业整体。点心部的关键工序是案板,故此案板应设在点心部空间的主要路线上(多设在中间),使其与制馅和各出品工序联结为作业整体。

大量实践经验表明,原料在厨房各空间里的移动基本呈S形走向(图2-2),原料在点心部各空间里的移动基本呈中心辐射形走向(图2-3),当然,这仅是对最基本的烹调程序而言。

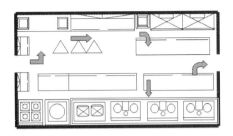

图 2-2　厨房设备和原料流向简图

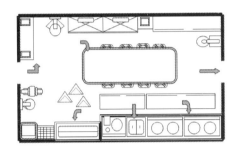

图 2-3　点心设备及原料流向简图

❷ 路随设备

烹调空间布局的第二个原则是路随设备。所谓路,是指员工的工作流向。根据现代生产管理要求,工作流向设计的合理之处:一方面,表现在空间限制中,能实现的最方便或最短的工作距离,即尽量减少员工在工作流向中所花费的工作量;另一方面,表现在此流向与彼流向之间能够协调进行而不彼此相阻。因此,这个布局原则的主要问题是处理好设备布置与工作流向之间的关系。

从实践角度看,这两者的关系是,工作流向影响着设备的布置,这是因为工作流向与原料流向(即工艺流程)是相辅相成的;当设备布置确定之后,设备的摆布又规定了工作流向。

图2-2中,设备布置是按照菜肴工艺流程的顺序来进行的,这就规定了烹调空间的工作流向,如果设备布置不合理,就会引起工作流向的不协调,就像凯悦宾馆厨房布局那样。

❸ 合理分流

凯悦宾馆厨房布局之所以不合理,主要的原因是功能空间的分配不合理,从而影响到设备布置及工作流向。按道理,加热空间是出品位置,应与备餐间的距离越短越好;切配空间应按工艺流程的顺序去排列,但图2-1中恰好是反过来的,故造成各种流向的混乱。所以,烹调布局的第三个原则是合理分流。

按规范化设计的要求,原料流向在同一个空间平面里应该有一个原料入口和一个成品出口。原料在空间里的移动是以工艺流程为准,并且是以设备的布置为条件(即功能空间的分配),因此,原料的移动应尽量不要重复。图2-2就是一个说明,图中只列出热菜流程,冷菜流程一般另设部门。图2-3可以认为是规范的布局典范。尽管每个烹调部门所使用的空间不同,但由此去看,都是这个模式的变异。

此外,合理分流中还有碗碟流向值得注意。正确的碗碟流向设计应如图2-4所示,收碗碟与出成品在空间里做分处理,设不同的出入口,同时,作为辅助空间的洗碗间应独立在烹调空间之外。

总而言之,合理设计各种流向是为了将员工的工作量和物料损耗降低到最低的限度,这是进行有效的烹调管理的客观条件之一。

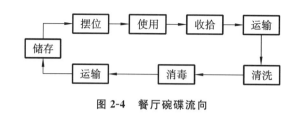

图 2-4 餐厅碗碟流向

④ 尽地而为

尽地而用和量地而用。任何酒店或酒家的每平方空间都有直接或间接的经济效益。烹调空间虽不像餐厅那样直接供顾客使用,但它担负着烹制食品的重任,直接影响到餐饮企业的正常运作,因此,必须量地而用、尽地而用。空间过大,会造成各功能空间脱节,增加无形的损耗,使员工疲劳不堪;空间过小,会造成工作流向拥挤而最终影响出品速度和食品质量。

在任何餐厅的烹调空间分配上,根据其实际情况,烹调空间与餐厅空间之间的比例都会有一个合理的"度",适"度"者为尽地而用,不适"度"者为浪费空间。

(二)烹调布局的类型

① 直线布局

直线布局方法适用于高度分工明确、烹调面积较大、相对集中的大型餐饮机构中的厨房。所有炒炉、蒸柜等加热设备均做直线形布局。一般为依墙排列,位于一个大型、长方形的通风排气罩下,集中吸排油烟。与之对应,厨房的切配、出品线路也成直线设计,使得整个菜肴工艺流程畅通无阻。但这种方法的缺点是,从加热区域到备餐间可能会有较长的距离。

② 相背布局

相背布局就是将所有主要的加热设备背靠背地组合在厨房内,置于同一个通风排气罩下,厨师相对而站进行操作,其他公用设备可分布在附近空间。这适用于建筑格局成块形的厨房。这种布局由于设备比较集中,只使用一个通风排气罩而较经济。

③ L 形布局

L 形布局通常将设备沿墙壁设置成一个直角形。这种布局方法通常是在厨房面积、形状不便于设备做相背形或直线形布局时使用。具体做法是将炒镬组合安装在一边,将蒸柜、平头炉或汤炉组合在另一边,两边相连成一个直角形。

④ U 形布局

这种布局多用于设备较多、人员较少、产品较集中的厨房部门。具体布局时,将工作台、冰柜以及加热设备沿四周摆放,留一出口供人员、原料、成品进出,有时甚至连成品亦可开窗从窗口送出。

案例(1):凯悦宾馆厨房布局修改图

根据上述四个布局原则,可把图 2-1 修改成图 2-5 那样:主要是加热空间与切配空间对换位置,使物流方向重新安排,不用经过 A 门,而只经过 C 门到 B 门,再到水台、菜部,最后到砧板。这样,A 门主要是成品的出口和碗碟流向的通道。从整体上看,各流向较原来有条理,略嫌不足的是,出品的 A 门未能与碗碟分流处理,这是空间所限。

案例(2):GC 酒店五楼厨房平面布局图

GC 酒店五楼餐厅有 700 个餐位,属于中高档经营,其厨房空间布局如图 2-6 所示。与图 2-5 不同,这个厨房布局是通道式布局,即厨房里功能空间的衔接、设备的摆布及工作流向的确定以一条通道为主。这也是粤菜厨房布局的流行做法。在此图中,还有烧腊的布局,一般分为制作间和明档两个部分。前者负责粗加工、烧卤程序,后者负责销售,即菜肴工艺流程中的切配和造型程序。

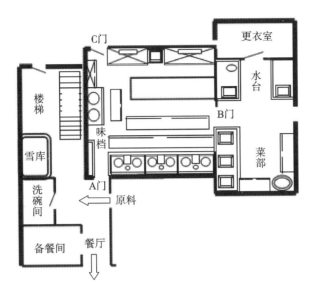

图 2-5　凯悦宾馆厨房布局修改图

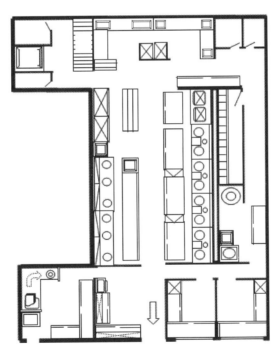

图 2-6　GC 酒店五楼厨房平面布局图

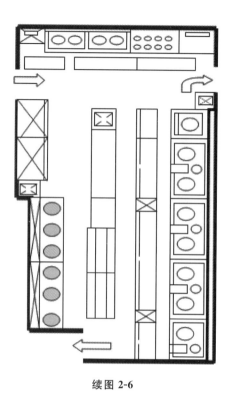

续图 2-6

人员配置方案

扫码看课件

严厨管理实践：关于人员配置的看法

有人认为，餐饮部门的人员配置难以有个普遍适用的准则，因为每个企业的环境不同、设备不同、经营情况不同、工种分工大同小异、人员素质互有高低。

张胜认为，这个看法确实说对了一半，尤其在餐饮企业开业前的可行性分析预测里，往往难以百分之百地把握到：究竟需要多少人员才合理？但如果将人员配置的这一面——因环境、设备、经营、工种、素质而变——绝对化，又未免有点偏颇。在餐饮部门里，人员配置过多，就会造成人浮于事，效率降低，成本提高，组织内的摩擦亦随之增多；人员编制太紧，其结果是经常超负荷工作，烹调制作效率和质量难以稳定。说到底，还是应该有一个人员配置的准则。

张胜还认为，中西餐饮有着不同的烹调方式和服务方式，在不同的国情和管理文化背景下，各自侧重点也不同。因此，尽管在某个层面上，中西餐饮管理的性质和手段是一样的，但是，在人员配置问题上，中式餐饮人员配置的思路与方法与西式餐饮迥然不同。中式餐饮基本是全职员工，在旺季时也只增加些季节性临时工，其劳动成本归属固定成本部分。西式餐饮除了全职员工外，多采用钟点工。

一、人员配置的考虑因素

（一）人员配置的观点

中餐各功能部门的人员配置，可采用这样的方法：先测定人员配置的有关基数，如经营规模与烹调规模之间的比例、服务员与餐位数之间的比例、人均劳动效率、工种之间的比例；然后根据这些基数之间的特定关系，测出基本人数；再根据实际的排班情况、工种状况（如大小工种、替班、明档等）进行修正；最后确定部门用人数量。

在进行人员配置的测算时，一般做法是将烹调部门与营业部门的人员配置分开来处理，在烹调部门中，厨房人员配置与点心部人员配置一般也是分别处理的。

（二）人员配置应考虑的因素

此中最为重要的是有关基数的测定，基数测不准，便很难得出符合实际的结论。在测定有关基数时，下列问题是必须予以充分考虑的。

❶ 经营方式

餐厅以零点为主，以宴会为主，还是两者兼而有之？因为同样的餐位数，零点餐厅的周转率比宴会餐厅的周转率要高，因而，零点餐厅所要求的食品供应规模比宴会餐厅的要大。倘若专业做火锅生意，对人员配置的侧重点亦不同，倘若品种销售以明档为主，那么人员配置里就应考虑增设明档岗位。

② **服务方式**

经营方式实际决定了服务方式,我们假设将餐厅的服务程度分成 0～100 分多种档次。服务程度为 0 分的餐厅是不需要服务的自动售货机;简单的服务包括自助餐、快餐,用人较少;复杂服务如豪华级宴会服务,注意细节,分工精细,用人较多;介乎于简单与复杂之间的是中等程度的服务,如中档餐厅的服务。相对来说,服务程度分值低,服务技能要求简单,人员配置相对少些;随着服务程度分值逐渐增大,服务技能要求也相应高,人员配置也相对增多。

③ **经营规模**

经营规模即餐厅的餐位数总量是多少,其周转率大约在什么样的水平。由于烹调、销售、服务三者要同步协调,所以,经营规模的大小规定着烹调规模的大小,实际上也规定了烹调人员的数量。这是测定有关基数的参考因素。

④ **经营档次**

中高档经营与大众化经营对烹调出品的要求是不同的。相对而言,前者可能分工较细,强调环节的紧凑和保证出品质量,要求人员多些,而后者在各方面的要求没有那么高,人员就相对少些。

⑤ **经营时间**

经营时间的长短对人员配置的影响是十分明显的,由早上六时半至深夜一点的连续经营比正常的早、午、晚三市经营所要求的人员配置和班次显然要多。同时,经营时间与餐位周转率有关,餐位周转率越高,要求的烹调出品量就越多,人员配置的要求亦越高;反之,餐位周转率越低,人员配置的要求就越低。

⑥ **品种构成**

一个餐厅销售品种的构成是怎样的,或海鲜、或野味、或综合风味,对工种之间的比例有直接的影响。菜单品种数量较少的餐厅,只需要较少的烹调人员和服务人员,而且原料的采购和保管也不需太多的人员。菜单品种增多,品种构成也就随着复杂,对烹调制作的要求也随之提高,因而人员配置也相应地增加。

同时,品种制作过程的复杂程度也是一个考虑因素。假设将品种制作过程的复杂程度分为 0～100 的范围。复杂程度为 0 的品种制作是现成的熟食品,只需在销售前进行加热或拼盘处理,在这种条件下,烹调人员的配置数量最少。相反,复杂程度为 100 的品种制作,从宰杀、起肉、刀工处理、腌制、上浆或酿制再到加热装盘等,在这种条件下,烹调人员的配置数量不仅相应地增多,而且对技术的要求也随之提高。

⑦ **设备条件**

烹调部门的设备条件对人员配置亦有影响。如果是现代化的厨具,加工设备好,那么可考虑将工作人员相应地减少;如果设备较差,就要考虑有足够的人员配置。例如,用现代化的切肉机切肉片只要 5 min,而同样份量的工作由人工完成需要 15 min。

⑧ **位置布局**

位置布局是否合理,可能是个经常被忽视的问题。某酒店点心部的熟笼和煎炸在六楼,案板和烘烤在四楼,结果给点心供应带来诸多麻烦。由此可见,合理的位置布局是合理安排人员的客观条件之一。

⑨ **同业参数**

同业参数即同行业在上述几方面的参考数据,这是测定基数的重要指标。这里提供一些参考数据。

按照早、午、晚三市正常班次计,餐饮部所有员工(包括管理者)与餐位数的比例一般是 35：100。根据餐饮行业传统资料的测算,餐饮部(多指酒家)员工与餐位数之间的比例在 1：18 左右。但随着餐饮行业近十年的发展,这个比例已改变为 1：(2.3～3.5)。

以一个厨房和一个零点餐厅的员工总数计,厨房人数与餐厅人数之间的比例约为4:6,有时可达3:7。

要注意的是,同业参数是一种比较,因而须有可比性。也就是说,在同等规模、档次、环境和设备的条件下,其数据才有参考作用。此外,同业参数只是一种参考,最终还是取决于本企业的实际情况。

⑩　成本限制

这是指酒店管理当局或酒家决策层对各部门员工人数在成本上的总体限制,即对人工成本的总体把握。

在充分考虑和详细分析这十个方面的问题后,就可以测定餐饮部门人员配置的基数了。

二、烹调部门人员配置方案

本书主要讨论厨房和点心部的人员配置。

(一)厨房人员配置

进行厨房人员配置时,根据上述综合考虑,主要测定两个基数。

❶　第一个基数的测定

第一个基数是后镬数与餐位数之间的比例。

餐饮运作是烹调、销售、服务三位一体,也就是说,烹调部门与餐厅必须在供应能力与接待能力之间达到协调。这种协调也可以理解为烹调规模与经营规模之间的平衡。衡量厨房的烹调规模后即可确定后镬的数量,后镬的数量可反映厨房的供应能力;衡量餐厅接待能力的是餐位数,即餐位数的多少标志着餐厅的经营规模。因此,后镬数与餐位数是要测定的第一个基数。要注意,确定这个基数有个条件,两者特指一个厨房与一个或若干个餐厅(包括零点餐厅和宴会餐厅)。

关于第一个基数,以珠江三角洲餐饮企业的资料(包括过去和现在)测算,一般在1:(60~100),即一个后镬出品负责60~100个餐位的供应。

其中,1:(60~80)被认为是零点餐厅的最佳选择。因为零点餐厅周转率较高,品种结构多样,且突发的、弹性的需求经常发生,将每只后镬的供应量限制在60~80是明智的,特别是对于中高档甚至以上经营规模的餐厅来说,这样的比例能保证合理的出品质量。

1:100的比例一般认为是宴会厨房的最佳选择,因为宴会餐厅虽然档次较高,品种质量要求高,但宴会餐厅都有个特点,就是周转率在一次或一次以下,所以把比例定在这个范围,可减少人员和设备的浪费。

然而,这些比例并不是绝对的。如果在设备、布局、人员素质等方面都占有优势的话,也可以把1:100比例作为零点餐厅厨房的测定基数;如果是零点、宴会兼备之;那么,就要充分考虑其经营的性质和时间等方面的影响,然后再来确定这个基数。

❷　第二个基数的测定

第二个基数是后镬与其他工种的比例。既然后镬是作为厨房规模的一个标志,那么,后镬与其他工种必定有内在的联系。

关于第二个基数,传统的观点如表3-1所示。

表3-1　传统的厨房人员配置比例

后镬	打荷	砧板	上什	水台	菜部	推销	杂工
1	1	1	0.5	0.5	0.5	1	0.5

设立1只后镬,要配备5个相关的人员。在传统的分工中,杂工和推销是两回事。此外,大案一

职没有列出。按照这个比例，厨房的人员略为松动，在淡季，人工成本会偏高。

现在，一些餐饮企业管理者认为，1只后镬配备3个相关人员便足够了。如表3-2所示。

表3-2　流行的厨房人员配置比例

后镬	打荷	砧板	上什	水台
1	1	0.7	0.7	0.7

这种比例配置通常用在厨房管理是在工资承包制情况下，因为这种比例是最少人员配置方案。其中，菜部工作归由餐厅中的洗碗工负责，杂工由打荷兼任。

相对来说，这个工种比例比传统的要小，但并非说明这些比例是绝对的。假定厨房设备较差，供应品种较多，预制加工工作较多，采取较大的比例是合适的。测定这个基数时，可把第一个基数一起加以考虑。例如，后镬数与餐位的比例取1∶60，厨房压力没那么大，在这种情况下，可以考虑采用1∶3的工种比例。

确定了这两个基数，便可测定厨房人员的基本配置了。

但是，这还不是最后的决定方案。因为现在流行的做法是将厨房所有工种分成大、中、小三种档次。所以在确定替班人员时，一般都是同线替班，对等替班。同线替班即是按后镬线、砧板线分开替班，当然在规模小的厨房里也可以交叉替班；对等替班即是大工替大工、中工替中工。另外，烹调部门除了行政总厨一职外，其他所有管理人员一般是不脱产的，如果明档比重较大，应专设明档岗位。

（二）点心部人员配置

点心部的人员配置方法与厨房的做法不同，点心部是采用人平劳效法去进行人员配置。

这种方法是根据前面提到的十个问题的综合考虑，须测定两个基数：一个是每个餐位的点心营业额；另一个是测定每个点心部人员的人均劳动效率（即人平劳效），再以此为准，算出点心部总人数，然后分配各工种的具体人数。

测定这两个基数时要注意，每位点心营业额是指按每天计算，包括早茶市的点心销售额（除去茶价等副营收入）、饼屋外卖和订造、饭市的点心（如主食等）销售、宴会或酒会的点心营业额。换句话说，凡是点心部出品销售所实现的收入，再除去餐位数得出的商数就是每位点心营业额。由于这个点心营业额已含周转率在内，所以，计算餐位数时不用计入周转率。

点心部的人平劳效是个综合指标，它可依照决策既定的有关指标测出，也可根据同行同档次同规模的有关资料测出。一般地说，人平劳效是以每月或每年为单位，计算时应换算成以每天为时间单位。

例如，DH酒店餐饮部共有餐位800个，预测每天每个餐位的平均点心营业额是21元（包含了餐位周转率），测定每个点心部人员的每天平均劳动效率是800元，那么，每天的点心营业额应是：

$$800 \times 21 元 = 16800 元（约等于 17000 元）$$

再用这个总数除以人平劳效：

$$17000 \div 800 人 = 21 人$$

即点心部应配备21人。因为计算出来的是点心部人数总额，故还要进一步按照岗位和班次去分配人员，这就需要经验的判断了。

烹调部门的人员配置，主要就是按照上述两种方法。应该承认，这两种方法为烹调设计中的人员配置提供了两种选择模式。这两种方法至少能够在开业前的烹调设计中提供一种非常实用的方法；当要分析运营中的人工成本时，它又能提供一些非常有效的分析资料；当要测定分部核算的某些数据时，它是个很好的参考指标。诚然，上述讨论以及所提供的数据和方法仅供参考。

三、营业部门人员配置方案

营业部门人力资源配置主要是着重讨论餐厅各岗位的人员配置。

（一）餐厅服务员配置方案

中式餐饮机构多采用全职员工，在旺季时也只是增加部分季节性临时工，很少用到钟点工。

❶ 餐位数与服务员数的比例

餐厅服务员的配置主要依据餐位数与服务员数之间的比例基数。这个基数按传统的比例是1：20，前者是指服务员数，后者是指餐位数。现在流行的配置基数如表3-3所示。

表3-3　餐位数与服务员数之间的比例参数

餐　桌	配置基数	备　注
方台（4~6人）	1：（4~6）张	—
大台（8~10人）	1：2张	—
厅房	2：3	按80%周转率计算

❷ 影响比例的因素

（1）服务要求。一般来说，服务要求越高，服务员数与餐位数的比例就越低，比如在高档次的餐厅里，要求一个服务员只负责4张小桌的服务；服务要求越低，需要的人手也就越少。

（2）管理要求。①每天工作8 h制，连同吃饭（两餐计算1 h），实际上是9 h。②每月休息四天，一个星期工作六天。③所有工作时间都应考虑餐厅的开档工作和收档工作，开档工作应比开市时间提前半小时，收档工作应比经营结束时间推迟1 h。

（3）经营时间和高峰期。在珠江三角洲，经营时间至少是茶市、午饭和晚饭三个经营市别，有些酒家和酒店的餐饮部还经营下午茶或夜宵。经营时间越长，需要配置的人数总量就越多。每个餐厅都会有个高峰期，在人力资源配置上，既要保证高峰期间的用人要求，又要兼顾其他经营时间的用人要求。

❸ 人员配置技巧

（1）每天营业量分析。餐饮品种的销售在同一星期中的不同日子中需求量往往不同。这种需求量的变化大体会有一个模式，所以有必要对每天的营业量做具体的分析，其分析内容是计算出各个市别的营业收入和餐位周转率，确定该餐厅营业的高峰期。如果是新开业的餐厅，就需要以同区域、同质或同类的餐厅作预测数。表3-4对"餐桌的记忆海鲜酒家"餐位周转率进行了预测。

表3-4　"餐桌的记忆海鲜酒家"餐位周转率预测（单位：%）

项　目	市别	周一	周二	周三	周四	周五	周六	周日	中位数
一楼大厅 （330位）	早	150	160	140	170	150	180	200	160
	午	80	60	65	70	75	100	90	75
	晚	70	75	80	85	90	100	90	85
二楼厅房 （18个）	早						100	100	
	午	60	65	70	75	75	80	85	75
	晚	90	95	98	100	90	80	70	90

之所以要取中位数而不求平均数，是因为中位数最能反映餐位周转率的趋势，而不受最低和最高两极端的影响。例如，一楼大厅早茶市的预测周转率为150%、160%、140%、170%、150%、180%、200%，如果求平均数是164%，而中位数则是160%。这个中位数比较能代表实际的就餐人数。因

为某天最低数也许是由于暴风雨造成的,而某天的最高数也许是因为该天是某个节日或有多台宴会活动。极端性的数据对平均数的影响较大,但不能正常反映营业规律。

(2)分区定人。餐厅一般分成若干区域来管理,有了区域之后,就可以上述的比例分区域确定服务员的人数。如果餐厅分楼层,其道理也一样。

(3)分班编人。根据经营时间,餐厅一般分班编人。即把服务员分成若干班次,然后确定每个班次的上班时间,再根据餐厅的经营高峰期来确定每个班次的安排(表3-5)。

表 3-5　餐厅班次安排简表

	早茶		午饭		晚饭
时间	6:00—9:00	9:00—12:00	12:00—15:00	15:00—17:00	17:00—22:00
A班(6人)	——————————————————————→				
B班(6人)					——————→
C班(6人)	——————→				
D班(6人)					
	12人	6人	12人	12人	18人

在考虑了班次和休息的安排后,最后确定的人数才是实际需要人数。

(二)餐厅其他岗位人员配置方案

除了服务员的配置外,餐厅里还有传菜员、咨客、酒水员、杂工等岗位的配置。

备餐间的人员配置主要是考虑传菜员与餐位数之间的比例,这个比例一般是 1:60,即 1 位传菜员所负责的餐位数是 60 个,在这个基础上,再考虑班次、经营时间的安排。

这里要注意,一是早茶市的点心推销问题,如果早茶市基本以明档为主,那么,就要看明档是由点心部负责还是由餐厅负责,如果是由餐厅负责的话,责任由备餐间负责,在人手上就要保证。二是饭市的传菜距离,如果厨房与餐厅的距离较长,而且是分开楼层,那么,相应就要多配置人手。三是班次问题,备餐间一般分三个班次,在人员安排上,同样要考虑将主要的人力集中在高峰期。四是备餐间应负的责任,如果煮饭是由备餐间负责,洗碗也是由备餐间负责,甚至餐厅杂工也是由备餐间负责,那么,在这些岗位上就要配置相应的人员。

餐厅咨客的配置没有固定的比例。一般是取决于餐厅的档次和服务要求,档次和服务要求越高,须配置的咨客人数也越多。像"餐桌的记忆海鲜酒家"这样的档次,按经验测算,应该配置咨客 8 名以上,因为它分两个楼层,而且要求把每一位客人带到座位上。

此外,还要考虑酒吧员的配置、杂工(楼杂和厕工)的配置、洗碗工的配置、布草房人员的配置等。

▶ 思考题

1.餐厅人员配置需要考虑什么因素?

2.餐厅人员配置有哪些技巧?

3.请您设计出"餐桌的记忆海鲜酒家"厨房人员配置方案。

4.请您设计出"餐桌的记忆海鲜酒家"餐厅人员配置方案。

项目四

菜单设计技巧

严厨管理实践：设计一张菜单

"餐桌的记忆海鲜酒家"的筹备工作一切都在有条不紊地进行着。张胜经过三天的苦思冥想，终于拿出了很有说服力的修改方案，对原来的设计方案做了较大的修改，设计餐位数为480个，其中一层是250个，二层是230个。看到这个方案，熊子涵拍了拍张胜的肩，笑着说："还是读过书的不一样！"

现在该是设计菜单的时候了。

按照张胜的设想，"餐桌的记忆海鲜酒家"的菜单应该由三个部分构成：一是印页式，二是台卡式，三是POP式。印页式菜单主要解决长期供应品种的问题，台卡式菜单主要解决临时性的特别介绍品种，而POP式菜单则是某段时期内的促销品种。现在关键的问题是设计印页式菜单。

张胜认为，设计菜单最好是先由出品部门拿出他们的品种，然后再由自己统一汇总分类，最后由自己和行政总厨拍板。

这一天，张胜召开了菜单设计会议，参加者有行政总厨杨平章、营业总监邝爱琴、营业部经理张志萍、厨房主管许江华、点心部主管张伟明、烧卤部主管于天洛。张胜给他们布置了工作任务：

1. 每人必须在五天之内拿出20个品种；
2. 出品品种的原则是自己最有心得的和流行的；
3. 每个品种必须写出主料和配料。

一、认识菜单

物流过程的运作取决于品种决策，而品种决策具体表现为菜单的设计和促销。在服务过程中，菜单是一位不入编制的、勤劳的推销员，它总是无声地向顾客展示食品的目录和价格。由此看出，重视菜单的设计和促销，并经常使菜单具有良好的促销效果，是餐饮营销的首要问题。

在餐饮运作过程中，销售什么品种实际上就决定了物流过程与服务过程的运作，而品种的销售具体的表现就是菜单了。因此，菜单是"品种决定论"的具体表现。

（一）菜单功能

菜单的功能主要表现在如下四个方面。

❶ 菜单是传播品种信息的载体

餐饮企业通过菜单向客人介绍餐厅提供的品种名称和特色，进而推销品种和服务。客人则通过菜单了解餐厅的类别、特色和价格，并凭借着菜单决定自己需要的品种和服务。因此，菜单是连接餐厅与顾客的桥梁，它反映了餐饮企业的经营方针，也体现了餐饮企业的营销策略，起着促成买卖成交的媒介作用。

菜单还反映出该餐厅的档次和形象，通过浏览菜单上的品种、价格，以及菜单的艺术设计，顾客很容易判断出餐厅的风味特色以及档次的高低。

❷ **菜单是餐饮经营的计划书**

菜单上销售什么品种、不销售什么品种,实际上决定了整个物流过程和服务过程的运作,因此,菜单在整个餐饮运作中起着计划和控制的作用,它是一项重要的管理工具。

(1)反映该餐饮企业的烹调水平。从菜单的品种目录上,大体可以看出该餐厅的烹调水平以及特色,比如品种分类、有何特色品种、招牌品种是什么。

(2)决定原料的采购和储存活动。既然决定了销售什么样的品种,必然就决定了需要购买什么样的原料和储存什么样的原料。

(3)影响餐饮原料成本和毛利率。菜单上的销售规格和品种价格,实际上就决定了餐饮原料成本的高低,同时也反映了该餐饮企业的综合毛利率水平。

❸ **菜单是餐饮促销的控制工具**

菜单是管理人员分析品种销售状况的基础资料。餐饮管理者定期对菜单上的每个分类的销售状况、顾客喜爱程度、顾客对品种价格的敏感度进行调查和分析,会发现品种的原料计划、烹调技术、价格定位以及品种选择方面存在的问题,从而能帮助餐饮管理者正确认识菜单的销售情况、及时更换品种、改进烹调技术、改进品种促销方法、调整品种价格。

❹ **菜单是餐饮促销的手段**

菜单不仅通过提供信息向顾客进行促销,而且餐厅还通过菜单的艺术设计烘托餐厅的情调。菜单上不仅配有文字,还往往配以精美的品种图案,让顾客更直观地了解品种。

菜单既是艺术品又是宣传品。一份设计精美的菜单可以创造良好的用餐气氛,能够反映出餐厅的格调,可以使顾客对所列的美味佳肴留下深刻印象,并可作为一种艺术欣赏,甚至留作纪念。

(二)菜单形式

在中高档次的餐厅里,按现时流行做法,菜单形式可分为三种:印页式菜单、台卡式菜单和POP式菜单。

印页式菜单就是通常我们所见到的菜单形式,这是大部分(中高档以上)餐厅所采用的菜单形式。这是餐厅销售品种的固定部分,它具有制作精美、周期长、成本高的特点,也是一个餐厅的档次和形象的表现之一。传统的印页式菜单只是以文字说明为主,现在的印页式菜单多是图文并茂的平面设计作品。

台卡式菜单是指插在餐桌上的台号牌里的临时性菜单,这是对印页式菜单的一种重要补充,它主要是表现定期更替的销售品种。这是现在流行的菜单形式,它最大的特点是灵活、周期短、制作成本低。它一般是使用电脑排版,然后打印出来。

POP式菜单是港台流行的做法,它是以海报形式来表现促销期间的品种特点和价格,它实际上就是品种在餐厅里的促销广告。在珠江三角洲地区,各种餐厅都非常重视这种菜单的使用。

通常在一个餐厅里,这三种形式的菜单都是并存使用的。

另外,在一些大型的以经营海鲜为主的餐厅里,印在菜单上的品种数量只有几十个,它大部分的品种都是以实物形式展示在海鲜池里和展览柜台上。

(三)菜单项目

餐厅菜单一般要表现这样几个内容,第一是品种名称,第二是品种的销售规格,第三是品种售价,第四是有关品种的附加说明,如营养成分、彩色图片等,另外,还可加上相应的服务收费说明,以及餐厅的地址和订座电话等。

二、菜单的厘定

菜单的厘定即是菜单的设计过程,这里包括对品种的选择、分类、装帧等内容。

（一）菜单的设计原则

菜单设计涉及物流过程和服务过程的运作，因此必须遵循下列六个原则。

❶ 能满足目标市场的需要

任何一个餐厅都有它既定的市场定位。在细分市场的前提下，菜单必须能够体现出市场需求，即是在品种结构、特色和价格的设计上应以满足目标市场需求和竞争需求为目的。否则，菜单难以表现出它独有的促销功能。例如，一个以高级商务客源为目标的餐厅，其菜单设计应能满足这个层次顾客的需求特点，如讲面子、讲排场，品种结构应体现出"少而精"，品种档次以中高档为主，突出当前饮食潮流的品位。

❷ 与经营方式和餐厅情调相一致

餐厅经营方式对菜单有直接影响，它至少规定了菜单品种的风味特点和结构。餐厅的经营方式实际上决定了菜单上的品种。如咖啡厅的菜单与中餐厅的菜单就截然不同，火锅餐厅与宴会餐厅的菜单也各有区别。反过来，品种的风味特点和结构又体现出经营方式的特点。菜单还是构成餐厅的情调气氛、显示服务水平的手段。一个情调独特的餐厅，如果其菜单的形式和品种毫无特色，不能给顾客留下深刻的印象，这绝对是一种遗憾。

❸ 能实现既定的综合毛利率目标

对于餐饮企业管理者来说，无论菜单上有多少个品种，其目的在于通过品种销售来实现一定的利润目标。而利润目标又需要通过综合毛利率来实现，综合毛利率的实现就是依靠菜单上品种结构和价格的厘定。虽然实现利润目标是餐饮整体运作和多方面努力的结果，但管理者不能忽视菜单的品种是其中重要的一个方面，因此，厘定菜单时，要按照预定的综合毛利率来确定各大类菜肴的品种价格，借此从整体上把握和控制综合毛利率和利润目标的实现。

❹ 各类品种的数量合理平衡

在某种意义上说，菜单上的品种结构，就是餐厅的销售构成，反映出该餐厅的经营宗旨和特色。在中餐厅里，日常销售的品种较多，一个中型规模的餐厅，至少有80个品种在销售，而且这些品种一般都分门别类。所以，各类别之间的品种在数量上应达到合理的平衡，不能顾此失彼。平衡只是手段，其目的是实现合理的利润目标和良好的促销效果。

❺ 品种烹调力所能及

一方面，这是指厨师的技术水平。厨师技术水平的高低，决定了品种结构的组成，同时还决定出品质量的高低，这是不言而喻的。另一方面，它也是指烹调布局和设备等条件的限制，烹调空间越小，品种数量就相应地越少。实践证明，不重视这两个方面的限制，不考虑品种结构对物流过程的影响，就会在出品质量和促销效果等方面产生负面作用。

❻ 菜单要不断丰富创新

这或许是个老生常谈的问题。诚然，菜单"五年一贯制"的时代已经过去了，不在竞争中奋起，便在竞争中沉沦，这是现代社会竞争优胜劣汰的游戏规则。如果不想在竞争中被淘汰，就必须使菜单不断丰富创新。事实上，正是这个因素，使菜单的种类和方式不断地发生变化。

（二）菜单设计常见的问题

菜单是非常重要的促销手段，但并不是很多餐饮企业都重视菜单设计，下面存在的问题就是部分餐饮企业在菜单设计中常见的问题，应该引起业内人士重视。

❶ 制作材料选择不当

有些菜单采用各色簿册制品，其中有文件夹、讲义夹，也有集邮册和影集册，这些非专门设计的菜单不但不能起到点缀餐厅环境、烘托气氛的效果，反而与餐厅的经营风格相悖，显得不伦不类。

❷ 菜单偏小，装帧过于简陋

有些菜单内芯以16开普通纸张制作，这个尺寸无疑过小，造成菜单上菜肴名称等内容排列过于紧密,主次难分。有的菜单甚至只有 32 开大小,但页数竟有十多张,无异于一本小杂志。绝大部分菜单纸张单薄,印刷质量差,无插图,色彩单调,加上保管使用不善,显得极其简陋,肮脏不堪,毫无吸引人之处。

❸ 字形太小,字体单调

不少菜单为打字油印本,即使是铅印本,也大都使用 1 号铅字。坐在餐厅不甚明亮的灯光下,阅读由 3 mm 大小的铅字印成的菜单,其感觉绝对不能算轻松,况且油印本的字迹往往已被擦得模糊不清。同时,大多数菜单字体单一,缺乏字形、字体的变化以突出、宣传重要菜肴。

❹ 涂改菜单价格

随意涂改菜单已成为相当一部分餐饮企业的通病,上至五星级的豪华酒店,下到大众化的餐厅,比比皆是。涂改的方法主要有:用钢笔或圆珠笔直接涂改菜名、价格及其他信息;胶布遮贴,菜单上被涂改最多的部分是价格。所有这些,使菜单显得很不雅观。

❺ 不标出价格

有些菜单,居然未列价格,读来就像一本汉英对照的菜肴名称集,有的菜单未把应列的菜肴印上,而代之以"请询问餐厅服务员"。

❻ 菜单上有名,厨房里无菜

凡列入菜单的品种,厨房必须无条件地保证供应,这是一条相当重要但容易被忽视的餐饮企业管理规则。不少菜单表面看来可谓名菜荟萃,应有尽有,但实际上往往缺少很多品种。

❼ 品种缺少描述性说明

每一位厨师或餐饮经理都能把菜单上的品种配料、烹调方法、风味特点、有关该品种的掌故和传说讲得头头是道,然而一旦用菜单形式介绍时就大为逊色。尤其是中餐厅里的那些传统经典品种和创新品种,不少名称虽然雅致形象、引人入胜,但绝大多数就餐者少有能解其意的,更不用说来自异国他乡的国际旅游者。即使许多菜单附有英译菜名,但由于缺少描述性说明,外国游客在点菜时仍然不得要领。

❽ 缺少促销信息

许多菜单上没有注明酒店地址、电话号码、餐厅营业时间、餐厅经营特色、服务内容、预订方法等项目。有趣的是,绝大部分菜单都列有加收多少服务费。显而易见,为使菜单更好地发挥宣传广告作用和媒介作用,许多重要信息是不应被省略和遗漏的。

(三)菜单设计依据

在上述设计原则的指导下,菜单设计的操作须从顾客层面和管理层面去考虑。顾客层面主要考虑的是市场竞争因素,管理层面主要考虑的是技术与出品质量的保证(图 4-1)。

只有在综合考虑这些因素之后,才有可能对菜单的品种做出正确的选择。在设计菜单时应尽量避免下列问题的出现:

➢难以提高或保持品种稳定的出品质量。

➢品种成本过高而且销量不大。

➢品种原料供应难以保证。

➢人员不够或没有足够的熟练人员。

➢没有足够的烹调设备或场地。

(四)品种数量

在品种数量上,中餐经营与西餐经营不同。西餐基本上是按照冷盘、主菜、甜食这三部曲来组织菜单的,因而西餐的经营品种数量不多,但经常变换。中餐的经营品种结构基本是拼盘、汤、热菜、主食四大类,所以,中餐厅必须保证有足够的经营品种数量才能显示出餐厅的经营规模。

问题是,一个中餐厅究竟应该有多少个品种为之合理?这没有一个明确的界限。有些餐饮管理

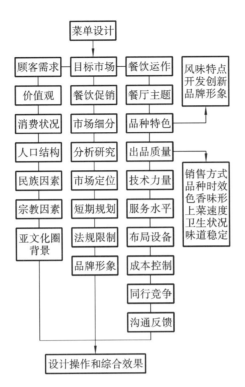

图 4-1 菜单设计的依据体系

者认为,经营品种的数量越多越好,可以让顾客有更多的选择余地,是显示餐厅经营档次和特点的一个手法。但大量的实践证明,并不是品种数量越多就是越好,而是应该保持合理的限度。如果经营品种太多,不仅给烹调部门造成很大的工作压力和成本负担,而且难以保证出品质量的稳定;如果经营品种数量太少,会显得选择范围窄,难以满足顾客的需求。

实践经验表明,一个中大型的中式餐厅里,其餐厅在正餐经营的品种规模应在 100 个以上,在茶市经营的品种规模可约为 100 个。这个经验数据只是指菜单上正常供应的品种数量,不包括在宴会菜单里增加的、每天特别推荐的和一些临时增加的品种。这个数字说明,在既定的餐位数量与后镬数量关系之间,餐厅经营规模与烹调供应规模的平衡是通过经营品种数量来协调的,品种数量过多或过少,都会使这两者之间失衡。

(五)品种分类和结构

品种分类的重要性在于将经营品种按照既定的促销主题进行合理的分门别类,以供顾客选择。

在中餐经营中,品种分类没有严格的限定,传统的做法是按照原料类别来进行品种分类,如分成冷盘、肉类、水产类、禽类、蔬菜类、点心类、汤类等。现在流行的做法是按照本餐厅促销重点、招牌品种、顾客关注程度等要素进行分类,粤菜菜单一般分成以下几类。

(1)鲍参翅肚类(特色品种、招牌品种);

(2)烧卤类(冷菜);

(3)汤羹类;

(4)小炒类(可根据实际需要分为若干小类,如顺德小炒、家乡小炒、大厨推荐等);

(5)铁板煲仔类;

(6)时蔬类(主要是指各类时令蔬菜等);

(7)主食类。

所谓品种结构是指各类品种在数量、比例之间的平衡。这种平衡,对菜单的促销有重要的影响。一方面,要确定高、中、低品种之间的比例平衡。高、中、低主要是价格和品种及档次之别,高档品种如鲍鱼、燕窝一类名贵的品种,中档品种是指售价在高档与低档之间的价格区域的品种,如带子一类的原料,低档品种基本是家乡小炒一类的原料。

每个餐饮企业对品种高、中、低的区分是不尽相同的,某餐厅确定为高档的品种,在另一餐厅可能是中档品种,这就要根据本餐厅目标市场的价格承受力而定。一般来说,高档品种应占菜单品种总量的 10%～20%,中档品种占 30%～40%,其余的为低档。另外,品种要有分类,故分类之间要有某种平衡,这种平衡取决于菜单的促销主题是什么。

对于每个餐饮企业来说,在某一经营思想指导下,品种总量和分类都有相应的确定,如招牌品种与一般品种之间,高档品种与一般品种之间。因此,各类品种的结构和数量也应有相应的规定。

(六)品种名称和价格

❶ 品种名称应真实可信

品种名称应该好听,但更应该真实,不应太离奇。事实上,故弄玄虚、哗众取宠的品种名称不仅不能吸引顾客,而且会把顾客弄得莫名其妙。当然,有些餐厅使用独特的名称也有成功的,但是餐厅在向市场推出这些品种时,一般都配有辅助性说明。

❷ 外文名称应准确无误

许多餐厅为了吸引国外旅游者或为了展示其高档次服务,菜单上每一个品种都配有相应的外文名称。这本来是一种与国际接轨的良好作法,但如果外文名称译错或印刷时校对不仔细,出现拼写错误,将会使外国客人感到茫然不知所措。如中文菜名为"红烧大鲍翅",鲍翅其实就是上好的鲨燕窝,英文译名应为"Shark's Fin",但译者将鲍翅翻译为"Abalone's Wings",很明显,他将鲍翅理解为鲍鱼的翅膀了,这显然是不妥的。

❸ 品种销售规格和价格应准确无误

菜单上的品种销售规格和销售价格应明确标列,有些品种因为销售规格不同而有不同的价格,也应明确标列。经常引起顾客投诉的是菜单销售规格与销售价格不相符,从而引起顾客的质疑。有些餐饮机构如加收服务费、行业经营管理费、最低消费等项目,必须在菜单上加以说明。

❹ 加上描述性说明

描述性说明就是以简洁的文字描述出该品种的主要原料、烹调方法和风味特色。有些品种名称或源于典故,或追求悦耳,顾客不易理解,更应清楚描述。如佛跳墙、潮州火筒大鲍翅等。

许多餐厅菜单缺乏描述性说明,若某品种再有一个稀奇古怪的名称,顾客要么向服务员询问,要么干脆不点它。设计合理的菜单应能对菜单项目进行描述说明或简单介绍。这些介绍可以代替服务员向顾客介绍,可以帮助顾客选择品种,并能减少顾客的选择时间。

菜单的描述性说明应包括:

(1)主要原料、配料以及一些独特的酱汁;

(2)品种的烹调方法与服务方法;

(3)品种的销售规格;

(4)品种的烹调时间。

显然,对菜单上的品种进行这样的描述性说明有助于品种的推销和服务。但应该注意的是,描述性说明必须恰如其分,实事求是。因为描述性说明文字关系到品种的真实性问题。如果顾客被菜单的描述性说明文字所吸引而点了某个品种,但该品种名不副实,并没有文字描述的那么好,顾客肯定会大失所望。这不仅直接影响餐厅的声誉,甚至会引起顾客的投诉和法律纠纷。

❺ 加上促销信息

除品种名称、价格等这些菜单必不可少的核心内容之外,菜单还应提供一些告示性信息。告示性信息必须十分简洁明了,一般包括以下内容:

(1)餐厅的名字,这通常在封面。

（2）餐厅的特色风味。如果餐厅具有某些特色风味而餐厅名字本身又反映不出来的，最好在菜单封面、餐厅名字下列出其风味。

（3）餐厅的地址、电话和商标记号。一般列在菜单的封底下方，有的菜单还列出餐厅在城市中的地理位置。

（4）餐厅的营业时间，在菜单的封面或封底。

（5）餐厅加收的费用。如果餐厅收服务费，通常在菜单第一张内页底部标明。

（6）有些菜单上还介绍餐厅的质量、历史背景和餐厅特点。许多餐厅想要推销自己的特色，而菜单则是推销的最佳途径。

三、装帧设计

菜单的装帧设计是一门学问。一份菜单的装帧是否精美，对菜单的促销效果会产生直接的影响。

（一）制作材料

纸张质量的好坏会影响菜单设计质量的优劣。

在大部分以餐桌服务为主的餐厅里，菜单一般都是选用高级的铜版纸、哑粉纸或特种纸，并且可以在纸张上涂塑薄膜。这种纸张使用时间较长，四周不易卷曲，经得起客人多次周转传递，反复使用，具有防水、耐污的特点。

选择纸张时还要考虑餐厅的档次和纸张的费用。通常纸张的费用不得超过整个菜单制作费用的1/3。同时还要考虑一些印刷及纸张方面的技术问题，如纸张的强度、折叠后形状的稳定性、不透光性，油墨的吸收性，纸张的光洁度和白皙度等。

如果是一次性菜单，可用较薄的轻磅纸，如普通的胶版纸、铜版纸。这种轻磅纸无须涂膜，只使用一次，如许多食街或快餐餐厅里的一次性菜单。

（二）插图与色彩运用

插图能对品种起促销作用。彩色照片能直接展示餐厅所提供的品种。一张令人垂涎三尺的品种彩色照片胜于大段文字说明，它是真实品种的证据与缩影。许多品种唯有用色彩才能直观地显示其质量。尽管印制彩色照片要使用四色印刷，比单色或双色印刷的费用高出35%，但是一张优质的彩色照片的促销效果是文字无法比拟的。

在菜单上套上颜色，具有装饰作用，使菜单更具吸引力，令人产生兴趣，通过色彩的安排、组合，能更好地介绍重点品种。颜色能显示餐厅的风格和气氛，因此，菜单的颜色要与餐厅的环境、餐桌、台布和餐具的颜色相协调。一般来说，鲜艳的大色块、五彩标题、五彩插图较适合用于快餐厅之类的菜单，而以淡雅、优美的色彩如浅褐色、米黄色、淡灰色、天蓝色等为基调设计的菜单，点缀性地运用色彩，会使人觉得这是一个相当具有档次的餐厅。

不同的颜色能起到突出某些部分的作用。一些特殊推销的品种采用与众不同的颜色，会使它们显得突出。让少量文字印成彩色是一个明智的选择，因为大量文字印成彩色，既不利于阅读也会影响视力，人们最容易辨读的是黑白对比色。增加菜单颜色的另一种方法是采用宽宽的彩带，以纵向、斜角向或横向粘在或包在封皮上，这种彩带能改善菜单外观并起到装饰作用。

（三）菜单式样

菜单的规格和篇幅大小应能达到顾客点菜所需的视觉效果。所以菜单开本和页数的选择要慎重。菜单开本大小要使客人拿起来方便，太大的开本使客人拿起来不舒适，太小的开本有时会使篇幅不够或使菜单显得太拥挤。美国饭店协会对顾客的调查材料表明，菜单最理想开本的参数是23 cm×30 cm，其他规格的开本，小型的是15 cm×27 cm，中型的是17 cm×35 cm，大型的是19 cm×

40 cm。

开本和页数的选择要让客人看起来舒适。字间要求不要太密,菜单的篇幅上应保持一定的空白。篇幅上的空白会使字体突出、易读并避免杂乱。文字占总篇幅的面积不能超过50%。同时注意试读菜单的环境和灯光应与餐厅气氛相同。许多菜单难以看清的原因,往往是菜单的编排和设计是在白天的亮光下进行的,而现代餐厅为制造舒适浪漫的就餐气氛,往往采用昏暗柔和的背景灯光加上桌上的烛光,应使客人在这种光线下也能看清菜单内容。

餐饮经营企业主要供应三餐,除了早茶市多以实物供应之外,其余两正餐都通用一张菜单,不像西餐有分早、午、晚三种不同的菜单。另外,在一些连续经营的餐厅里,也有专列下午茶或夜宵的菜单。

尽管菜单"五年一贯制"的时代已经过去,但由于印页式菜单的制作成本较高,其菜单不可能像时令菜那样经常改变。一般的处理手法是,在印页式菜单里,只列出基本的销售品种,约占品种总量的70%,其余30%经常要变的品种则采用台卡式菜单或POP式菜单甚至采用实物展示来处理,这30%实际上就是所谓的特色菜或时令品种。

> 在强调"感觉消费"的时代,西餐菜单值得我们借鉴,如美国爱荷华州哈兰市的米歇尔餐厅,在菜单上写道:
>
> "当然啰,你来了,我们感到非常高兴。谢谢您的光顾!
>
> 我们既高兴,又感谢,更感到荣幸至极。
>
> 我们高兴,因为我们能为你烹制出全市最可口的美食;
>
> 我们感谢,因为你赐予我们机会,让我们展示自己的服务和好客;
>
> 我们荣幸,因为你挑选我们来满足你的好胃口。
>
> 感谢你对我们的信赖,我们将永远竭尽努力,不负你的友谊和惠顾。"
>
> 寥寥数语,表现出一种浓厚的人情味和亲切感,给菜单增添了不少特色。

严厨管理实践:这个鲍鱼怎样包装?

张胜早就知道行政总厨杨平章对制作鲍鱼很有心得,在行业上也很有影响,张胜心想,广州严厨就是要把他的鲍鱼作为招牌菜。他这个想法与杨平章不谋而合。

张胜知道:一方面,香港名厨杨贯一的"阿一鲍鱼"名闻天下;另一方面,在本区域里,中高档的餐厅比比皆是,这些中高档餐厅中有一个餐厅的鲍鱼叫"阿森鲍鱼",在当时也已经是相当有名气了。因此,竞争可谓是非常的激烈。那么,广州严厨的鲍鱼应该怎样定位?怎样包装呢?

➡ **思考题**

1.为什么说菜单在餐饮运作中起着重要的作用?

2.论述菜单设计的依据。

3.设计菜单的原则是什么?

4.一般菜单的分类和结构是怎样的?

5.结合所学菜单设计技巧,对照一份你所熟悉的菜单,说明它的优点和缺点。

6.菜单的装帧设计应注意哪些方面的问题?

项目五

价格确定技巧

扫码看课件

严厨管理实践：确定毛利率

经过几轮的讨论，广州严厨的印页式菜单终于确定下来了。燕窝 6 个品种，鲍鱼 4 个品种，厨房 48 个品种，海鲜类 40 个品种，烧卤 20 个品种，主食 15 个品种，茶市点心 80 个品种。

接下来的问题就是怎样确定售价。

根据多年的经验，确定菜单售价无非是三个大问题，一是原料成本核算，二是怎样玩转毛利率，三是怎样在整体上取得综合平衡。

张胜深刻地知道，顾客永远都不会理会制作品种的原料成本是多少，而原料供应商也不会顾及餐厅品种售价是多少，夹在中间的是餐饮企业的毛利率。因此，怎样用毛利率来取得原料成本与售价、取得企业与原料供应商、企业与顾客的平衡，确实需要相当的技巧。

对于广州严厨的市场定位来说，张胜根据经验判断，其综合毛利率应达到 65% 左右，其中厨房综合毛利率要达到 65%，海鲜类品种要达到 53%，烧卤类品种要达到 62%，点心部综合毛利率要达到 70%（主食部分要达到 60% 以上），酒水类综合毛利率要达到 68%。目标是这样设定的，但怎样才能在每一个具体的销售品种里实现呢？

这一天，张胜把杨平章、遆爱琴、张志萍找来，为他们三位布置任务：杨平章、张志萍负责核定品种的销售规格和核算品种的原料成本，并提出一个初步的售价方案（要说明每个品种的销售毛利率），遆爱琴负责对半径 500 m 范围内同档次的餐厅同类的品种价格进行调查。两天之后汇总到张胜处。

一、原料成本核算

原料成本、毛利率、售价是餐饮经营中三个奇妙的因素。这有如一个"三明治"，在面上的是顾客看到的品种售价，在底层的是原料的起货成本，中间是企业本身的毛利率。在原料成本既定的条件下，毛利率不同，便会影响到品种售价不同；反过来，在既定的售价规定中，不同的原料成本便产生不同的毛利率；另外，原料成本的变化实际上左右着毛利率和品种售价的变化。

（一）原料成本

餐饮总成本是由原料成本和经营费用两大类构成的。掌握原料成本的核算对餐饮品种售价的计算是非常重要的。

原料成本是指构成品种所有原料损耗的总和。通俗地理解，原料成本就是餐饮企业里所有能够吃进嘴里的支出，简称为成本，如肉类、蔬菜类、海河鲜类、调味料类等；不能吃进嘴里的支出统称为经营费用（简称为费用），如水电、租金、折旧等。

原料成本由三个要素构成。一是主料，是指构成各个具体品种的主要原料；二是配料，是指构成各个具体品种的辅助原料；三是调料，是指烹制品种的各种调味料。主配料分别是行业约定俗成的，不一定是量上的区别。

别看原料成本的构成因素只有三个，由于食品原料范围非常大，原料来源不同，特点味道也不

Note

35

同,所以,要认识每一种原料的特点和味道也不是容易的事。

（二）起货成率

在上述的基础上,须进一步理解有关原料的专业问题。

❶ 有关原料的概念

毛料,是指未经加工处理的食品原料,即是原料采购回来的市场形态。有些原料本身是半成品,但对餐饮企业来说,采购回来的还只是市场形态,因为这些原料半成品还要经过加工才能参与配菜,一旦经过加工后,其原料成本已经发生变化(有时尽管这种变化不是很大)。

净料,是指经加工后、可用来搭配和烹制品种的半成品。所有原料采购回来,都必须经过加工(如清洗、刀工处理、热处理等),就算是一些本身已经是半成品的原料,也要经相应的处理,如鲮鱼罐头,开罐后倒出也存在着一种成本变化问题。

起货成本,是指由毛料经加工处理后成为净料的成本变化,又称为净料成本。

起货成率,是指净料重量占毛料重量的百分比,又称为净料率。

❷ 有关公式

下列是对原料成本计算的有关公式:

$$净料率＝净料重量÷毛料重量×100\% \qquad (5-1)$$
$$损耗率＝损耗重量÷毛料重量×100\% \qquad (5-2)$$
$$净料重量＝毛料重量×净料率 \qquad (5-3)$$
$$毛料重量＝净料重量÷净料率 \qquad (5-4)$$

❸ 影响起货成率的因素

起货成本核算是品种成本核算的基础。

影响起货成本的因素首先是进货价格,原料的采购价格高低直接决定了起货成本的高低;其次是进货质量,进货质量不好,也会影响到起货成本的高低,例如采购回来的菜心质量不好,剪成菜远后只有 100 g,而按照正常的起货成率计,每 500 g 的菜心剪成菜远应该有 150 g,这在无形中就影响到起货成本的高低了;再次是加工技术,它与采购质量的影响是一样无形而致命的;最后是起货成率,虽然是同样的原料,但产地不同,其起货成率也会不同。

（三）起货成本计算

有关起货成本的计算是任何一个餐饮企业管理者必须熟练掌握的基本技巧之一。

❶ 起货成本公式

大部分采购回来的食品原料经过加工后都会有起货成本的变化,这样其单位成本也发生了变化,所以必须要进行起货成本的核算。其核算公式如下:

$$起货成本＝(毛料总值－副料总值)÷起货成率 \qquad (5-5)$$

毛料总值就是指采购回来的食品原料的市场形态。副料总值就是指对毛料加工后剔除出来的原料还可作其他用途的部分,例如,毛鸡经宰杀后,剔除出来的鸡血、鸡肾、鸡肠还可作其他用途,应另计算。起货成率一般都有个行业约定俗成的百分比。

这个公式是我们计算所有食品原料的起货成本的基本公式。根据原料的加工方式和用途不同,这个公式的运用可分为一料一用、一料多用等,所有的分类计算都是这个公式的变通。

❷ 一料一用

毛料经加工处理后,只有一种净料,称为一料一用,其计算公式是:

$$起货成本＝毛料总值÷起货成率 \qquad (5-6)$$

因为没有副料,所以公式中不用减去副料总值。

例 1:生菜每 500 g 的进货价格是 1 元,每 500 g 的生菜改成生菜胆是 200 g,求每 500 g 生菜胆的起货成本。

解:生菜胆起货成本＝1÷(200÷500)元＝2.5元

答:每500 g生菜胆的起货成本是2.5元。

❸ 一料多用

毛料经处理后,得到的是一种净料,同时又有可另作他用的副料,须先以毛料总值减去副料总值,再除以起货成率,即式(5-5)。

例2:光鸡每500 g进货价格是8元,每500 g光鸡起肉的起货成率是55%,剔除出来的鸡翅、鸡骨的总重量是220 g,每500 g的鸡翅和鸡骨的成本价格是5元,求光鸡肉的起货成本。

解:副料值成本＝220÷500×5元＝2.2元

光鸡肉起货成本＝(8－2.2)÷55%元＝10.55元

答:光鸡肉起货成本是10.55元。

❹ 半成品成本核算

半成品成本核算是指经过制馅处理或热处理后的半成品,如虾胶、鱼胶等。

半成品成本核算的公式是:

$$半成品成本＝(毛料总值－副料总值＋调味料成本)÷起货成率 \tag{5-7}$$

例3:每500 g虾仁的进货价格是13元,制作虾胶的调味料成本是1元,由虾仁制作成虾胶的起货成率是95%,无副料值,求虾胶的起货成本。

解:虾胶起货成本＝(13＋1)÷95%元＝14.74元

答:每500 g虾胶的起货成本是14.74元。

例4:已知干鳝肚每500 g的进货价格是103元,经过涨发后的起货成率是450%,其中蚝油约300 g,每500 g蚝油的价格是5元,求涨发后的鳝肚起货成本。

解:蚝油成本＝(300÷500)×5元＝3元

鳝肚起货成本＝(103＋3)÷450%元＝23.56元

答:每500 g涨发后的鳝肚起货成本是23.56元。

在计算半成品起货成本时,关键是起货成率的测定,最实在的起货成率最好通过实际测定。

❺ 调味料成本核算

调味料成本核算方法有两种:一种是计量法,也是传统做法;另一种是估算法,也是现代较流行的做法。

计量法就是根据使用调味料的数量,按照每500 g的进价来计算实际的调味料成本。这种计算办法由于比较烦琐,在实际使用过程中较少使用。

最多使用的是估算法,即根据企业本身的实际情况,计算出每种销售规格的平均调味料成本。表5-1是某餐饮企业部分调味料成本的估算数据。

表5-1　某餐饮企业调味料成本估算数据

销售规格	调味料成本估算/元
例	1
中	1.5
大	2
…	…

应该注意的是,估算法适用于一般的品种成本核算,如果是一些特别的品种(特别是高档的品种),应该使用计量法,这样才能准确算出调味料成本。

（四）品种成本核算

按粤菜配菜的习惯,品种的成本构成一般有主料成本、配料成本、料头成本、调味料成本(或酱汁成本)四种。料头成本是粤菜烹调技术中特有的成本,但只在某些品种里才计算(如蚝油屈鸡、佛跳墙之类品种),其他品种一般忽略不计。由于粤菜烹调大量使用酱汁来调味,因此,在某种情况下,调味料成本实际上就是酱汁成本。

品种成本核算就是指烹调品种所有耗用起货成本的总和。也即是在核算各种原料起货成本的基础上,按照品种配菜的标准,计算出各种用量起货成本的总和。

根据品种制作的类型,品种成本核算可分为两种,一种是单个品种成本核算,另一种是批量品种成本核算。

❶ 单个品种成本核算

单个品种成本核算即是把构成某个品种的主料成本、配料成本和调味料成本全部加起来,它适用于厨房的各品种计算。它的计算公式是:

$$单位品种成本＝主料成本＋配料成本＋调味料成本 \qquad (5\text{-}8)$$

例5:"西兰花带子"这道菜品中,鲜带子每 500 g 的进价是 21 元,起货成率是 95％,用量是 150 g,西兰花每 500 g 的进价是 2 元,起货成率是 65％,用量是 200 g,调味料成本是 1 元,求该品种成本。

解:鲜带子起货成本＝(21÷95％)×(150÷500)元＝6.63 元

西兰花起货成本＝(2÷65％)×(200÷500)元＝1.23 元

原料总成本＝6.63＋1.23＋1 元＝8.86 元

答:"西兰花带子"的原料总成本是 8.86 元。

这是一个较标准的品种成本核算,即是将各种主料、配料的每 500 g 起货成本乘以用量,然后按照品种标准的成本配置(无论有多少种主配料)及调味料成本相加到一起就是该品种的原料总成本了。

❷ 批量品种成本核算

批量品种成本核算就是按批量制作的品种所使用的原料总成本除以制作出来的品种数量,其结果就是单位品种成本。它适用于点心部品种制作和烧卤部的品种制作。批量品种成本核算公式是:

$$单位品种成本＝本批品种所耗用的原料总成本÷品种数量 \qquad (5\text{-}9)$$

例6:制作 30 份的"美味凤爪"的用料是:2300 g 凤爪,每 500 g 凤爪进价是 6 元,叉烧汁 460 g (12 元/500 g),精盐(23 g)、味精(46 g)、白糖(14 g)等调味料成本共计 5 元,食用油 120 g(5 元/500 g),花生酱(70 g)、海鲜酱(50 g)、辣椒酱(50 g)等酱汁成本共计 6 元。求每份"美味凤爪"的原料成本。

解:凤爪成本＝(2300÷500)×6 元＝27.60 元

叉烧汁成本＝(460÷500)×12 元＝11.04 元

调味料成本＝5 元

酱汁成本＝6 元

每份"美味凤爪"的成本＝(27.60＋11.04＋5＋6)÷30 元＝1.65 元

答:每份"美味凤爪"的成本是 1.65 元。

相对来说,批量制作的品种成本核算比单个品种成本的计算要简单一点,这里举的是点心部品种,其他如烧卤部品种的核算也是一样的。

二、品种价格构成

餐饮品种价格的构成因素较简单:

$$售价＝原料成本＋毛利额 \hspace{2cm} (5-10)$$

原料成本就是主料、配料和调味料经加工后的成本总和,也即是起货成本的总和。毛利额是经营费用加上应得利润的总和。

诚然,第一方面,原料因产地、因季节和组合方式而造成起货成本的差异,使原料成本的变化多样。第二方面,毛利额是个绝对值,在实际使用中,难以得出所应承担的费用和应获取的利润,故多用毛利率概念,即用百分比表示。而且,计价方法也是使用毛利率而不是使用毛利额。第三方面,不同的品种和销售对象有不同的毛利率。这样,原料成本与毛利之间可有数不清的多种组合,还受到多种因素影响,所以,实际使用起来,其价格的内容和计算显得相当复杂。

在餐饮企业里,影响价格的因素大致可分为内部和外部两种。

内部的影响因素主要有:①原料成本,包括原料进货价、起货成率和组合成本,原料进货价是决定原料成本的主要因素,起货成率主要是指行业公认的经验数据,组合成本即是品种主料、配料和调味料的总和,这三种是决定品种售价的主要因素。②技术水平,即实际的烹调操作水平,若操作水平较稳定,成本变化也稳定,反之,成本就容易上下浮动。③经营方针,即经营档次和经营特色对品种定价的影响,主要表现为对毛利率的影响。④期望值,即管理者希望能实现的毛利率水平,对每一类销售品种,都有确定的毛利率标准。

影响价格的外部因素主要有:①饮食潮流,流行的饮食品种或经营方式。②目标市场的特点,即市场定位的顾客需求特点,表现为对价格的反应程度和承受力。③竞争格局,就是在一定的区域里,由竞争对手所形成的竞争局面,竞争越激烈,对价格的反应就越灵敏。④其他如通货膨胀率、物价指数、一定时期的经济政策以及社会大型活动都会构成对价格的影响。

三、定价原理和原则

了解餐饮品种的定价原理和掌握定价原则,是制订品种售价的基础,有助于对餐饮品种价格的把握。

(一)定价原理

❶ 以价值为基础,使价格尽可能接近价值

在品种的价格结构中,原料成本一般所占比重较大,是商品价值主要部分的货币表现,但它不是商品价值的全部。作为全部商品价值货币表现的价格,除了原料成本之外,还有其他费用和利润。一个餐饮企业要持续或扩大再生产,在餐饮产品销售中所获得的营业收入,不仅要使原料成本得到补偿,还要补偿其他运作费用,向国家缴纳税金和取得一定的利润。这样,制定品种价格时,就要在原料成本的基础上,加上毛利率(包含着费用和利润),从而形成价格的最高经济界限。

❷ 考虑市场供求状况对价格的影响

价格与供求的关系十分密切。在一定条件下,顾客的价格承受力对餐饮品种的供求起着调节作用。餐饮品种价格的高低,会引起品种供应量与需求量的增减;反过来,品种的需求情况,也调节着行业价格的高低,会引起品种价格的涨落。

❸ 实行合理的商品差价

这些差价在餐饮产品的定价过程中主要表现在:地区差价,季节差价,质量差价。

(二)定价原则

无论什么样的品种定价,都要遵循下列五个原则。

❶ 合理稳定

这是指企业的价格形象,是构成整个企业形象的组成部分。所谓合理就是能符合目标市场对价格的承受力,又能满足经营者对毛利率和利润率的期望,即在供求之间达到均衡,如果这两者产生偏差,就会造成价格形象的畸形。所谓稳定,即是指价格在不同时期应具有承上启下的连续性,不能忽高忽低。稳定并不是说价格不变,也不是波浪式地变,而应该是一种平稳的、循序渐进的变化。

❷ 按质论价

按质论价就是按照原料质量和品种质量来论价。原料质量的高低,是通过进货价格来影响成本的,因而进货价越高,售价就相对高,反之,就相对低。品种质量越高,对烹调技术的要求就越高,故品种价格也就相对高,反之,就相对低。在这个意义上说,并不存在绝对的价廉物美。

❸ 分等论价

分等论价就是依照不同的经营档次和经营类别来定价。在一个餐饮部或餐饮企业里,餐厅总有档次之分,如食街与零点餐厅、一般餐厅与宴会厅,这些不同档次的餐厅,经营方式和经营对象不同,其毛利率水平也是不同的。同样道理,在同一个餐厅里,经营品种也有档次之分,因而也有价格上的高低之分。

❹ 时菜时价

时菜就是时令菜,还包括一些流行的品种。所谓时菜时价,就是对这些时令菜及流行品种采取当时进货价为成本核算依据来计算售价,而不必拘泥于用公式计算出来的理论售价。一般地说,时菜的售价都较高,因为时菜的进货价较高,还有一些流行的品种也是采用高位价格策略。

❺ 随行就市

对某些品种来说,因其进货价格是每隔一段时期浮动一次,因而其售价就要采取随着进货行情而浮动。另外,一些品种售价的制订也不必拘泥于用公式计算出来的数字,而应采用公认的市场价格,也即采用这个行业的平均价格,只有这样,才能使品种的供给与顾客的需求达到均衡。

四、毛利率的意义和分类

毛利率在餐饮企业的成本核算和价格计算中是一个非常重要的概念。需要指出的是,毛利率是过去和现在餐饮企业的习惯用法,同行业者已习惯用毛利率的角度去评价餐饮企业经营管理的业绩。虽然现在实行的财务会计制度没有毛利率这个概念,但在实际使用特别是在内部核算中,经营者还是习惯使用毛利率这个概念。因此,应讨论有关毛利率的基本问题。

(一)毛利率的意义

餐饮企业经营主要是通过每一个品种的销售而获取利润。当品种的原料成本或售价确定后,这个品种是否能赢利,就要看毛利额是否高于经营费用,高于经营费用,就有盈余,反之就要亏损;或者,当品种原料成本确定后,毛利率就确定了这个品种的获利能力。在盈余部分,能获得既定的利润额,就是实现了一定的利润目标。所以,毛利率的意义在于补偿经营费用和获取利润,是餐饮企业经营的一个很重要的内部核算指标。

(二)毛利率的分类

从不同角度去看,毛利率有不同的分类。一般地说,毛利率可分为分类毛利率和综合毛利率两种。分类毛利率是指各个品种分类的毛利率,如鸡类品种、汤羹类品种等。综合毛利率是指各个经营类别的毛利率,是各个品种分类毛利率的加权平均数,如厨房毛利率、点心部毛利率、酒水部毛利率等,有时,综合毛利率也指整个企业的毛利率。

由于品种的成本主要是指原料的支出,品种价格扣除原料成本之后所剩的余额就是毛利额,所以它与原料成本或销售价格之间的比率都是毛利率,故又有成本毛利率和销售毛利率之分。

成本毛利率是指品种毛利额在品种成本中所占的百分率,其计算公式如下:

$$成本毛利率 = (品种毛利额 \div 品种成本) \times 100\% \tag{5-11}$$

销售毛利率是指品种毛利额在品种售价中所占的百分率,其计算公式如下:

$$销售毛利率＝（品种毛利额÷品种售价）×100\% \tag{5-12}$$

（三）毛利率的换算

销售毛利率就是我们通常所说的毛利率，成本毛利率通常称为外加率或加成率，这两者之间的换算公式如下：

$$成本毛利率＝销售毛利率÷（1－销售毛利率）×100\% \tag{5-13}$$

$$销售毛利率＝成本毛利率÷（1＋成本毛利率）×100\% \tag{5-14}$$

在销售毛利率与成本毛利率之间，一般都有确定的换算关系，以供日常使用。

五、定价方法

传统定价方法基本是以成本为导向的定价方法：一种是销售毛利率定价法，又叫内扣毛利率法；另一种是成本毛利率定价法，又叫外加毛利率法。

（一）销售毛利率定价法

销售毛利率定价法，是以品种销售价格为基础，按照毛利与销售价格的比值计算价格的方法。由于这种毛利率是由毛利额与售价之间的比例关系推导出来的，故称为销售毛利率法，其计算公式如下：

$$品种理论售价＝原料总成本÷（1－销售毛利率） \tag{5-15}$$

例7："鲜百合炒肾球"采用鲜百合100 g，肾球100 g，配料50 g。其中，鲜百合进价每500 g是6元，起货成率是95%，无副料值，鸭肾每500 g进价是13元，起货成率是85%，无副料值，配料成本和调味料成本共计2元，销售毛利率是53.3%，这个品种的理论售价是多少？

解：第一步，先计算原料总成本：

鲜百合起货成本＝（6÷95%）×（100÷500）元＝1.26元

鸭肾起货成本＝（13÷85%）×（100÷500）元＝3.06元

第二步，代入公式：

理论售价＝（1.26＋3.06＋2）÷（1－53.3%）元＝13.53元

答："鲜百合炒肾球"的理论售价是13.53元。

（二）成本毛利率定价法

成本毛利率定价法，是指以品种成本为基数，按确定的成本毛利率加成计算售价的方法。由于这是由毛利额与成本之比的关系推导出来的，所以称作成本毛利率法。其计算公式如下：

$$品种理论售价＝原料总成本×（1＋成本毛利率） \tag{5-16}$$

例8："荔茸鲜带子"用荔茸馅150 g，鲜带子6只，菜远100 g。其中，荔茸馅每500 g 8元，鲜带子每只2元，菜心每500 g 0.6元，起货成率30%，无副料值，调味料成本是1元，成本毛利率是41.3%，这个品种的理论售价是多少？

解：第一步，计算原料总成本：

鲜带子起货成本＝2×6元＝12元

荔茸馅起货成本＝（150÷500）×8元＝2.40元

菜心起货成本＝（0.6÷30%）×（100÷500）元＝0.40元

第二步，代入公式：

理论售价＝（12＋2.40＋0.40＋1）×（1＋41.3%）元＝22.33元

答："荔茸鲜带子"的理论售价是22.33元。

注意，这里计算出来的只是理论售价，或者只是一个参考价格，因为在实际操作中，还要根据该品种的档次以及促销因素来最后确定品种的实际售价。

（三）点心定价

这两种定价方法都适用于厨房菜肴或烧卤品种的定价。至于点心品种的定价，其方法基本与菜肴一样，但由于菜肴是以单件制作为主，点心是以批量制作为主，且多以碟定价来计算成本，故其定价程序与菜肴定价程序有区别。

第一，先确定每碟或每笼点心的售价，用这个售价减去毛利额，得出总成本额。

第二，按成本总额减去除皮类的成本额。

第三，将剩下的成本额安排在馅料上，以馅的单价计算出馅料的重量。

在点心定价中，这种方法比较常用。在一些以量计的烧卤品种定价上，也可以采取这种方法计算。

六、厘定售价

进行餐饮定价，并不是依靠几个公式就可以万事大吉了，实际上，在定价过程中，还有许多相关因素要"执生"（广州音，灵活处理的意思）。

（一）定价注意问题

上述两种定价方法比较，各有优点。从内部核算看，销售毛利率法优于成本毛利率法，因为财务会计中的各项指标，如费用率、税金率、资金周转率、利润率等，都是以销售额为基数计算的，这与销售毛利率法的计算口径相一致。

而成本毛利率只用到乘法和加法，在计价上较为简单方便，多被营业员采用于日常计价。如果将销售毛利率换算为成本毛利率，再用成本毛利率法计算价格，其结果大致一样，有差异也只是尾数上的差异，反过来计算亦一样。

首先，要注意计价的单位不要搞错，起货成率多以500 g为单位，原料进货价也要以500 g为单位，如有副料值也是如此。其次，原料成本的保险系数、原料（特别是鲜活原料）进货价虽然可以十天为一个核算周期，但品种价格却不能以十天为周期来变动，所以，在制定价格时，就必须在原料成本上把原料进货价的变动考虑进去。实际情形不同，加保险系数的方法也不同。最后，依照上述公式计算出来的叫理论售价，标明在菜单上的叫实际售价，这两者往往并不相等，前者是一种核算结果，后者则完全服从于价格促销的需要，或高或低，根据价格促销策略而调节。

（二）对传统定价方法的评价

上述计价方法及其毛利率运用的基点是以成本为导向，这有三点好处：第一，计算成本比估计市场需求更有把握，根据单位成本制定价格，就可简化定价程序，而不必根据市场需求的变化，经常调整价格。第二，目前行业上都采用这种定价方法，在各个企业的进货成本相似、销售毛利率相似的条件下，定出的价格就会差不多，企业之间的竞争就不会像采用需求差异的定价法时那样复杂和激烈。第三，根据成本加成定价，似乎对买卖双方都比较公平，卖主并没有因买者需求迫切而提价，同时，卖主仍能获取一定利润。

诚然，以原料成本为导向的定价方法，并不是最合理的。这种方法只考虑了原料成本因素，而没有分析市场需求弹性，无论是在短期还是长期，这种定价方法都无法使企业获得最大利润。因此，除了上述以成本为导向的定价方法外，还有以需求为导向和以竞争为导向的定价方法，如倍数法、声望定价法、边际收益法等。

七、玩转毛利率

从上述计价方法中可知，在既定的原料成本下，毛利率的高低就决定了品种售价的高低。因此，通俗地去理解定价和价格促销,就是如何"玩转"毛利率的问题,它不仅涉及各项经营指标的实现,而且还涉及经营政策和价格促销策略的实施。

（一）运用毛利率的基点

传统对毛利率的运用是以计划经济为基础,基于稳定物价、平抑物价浮动而考虑的。凡与人民生活关系密切的大众化饭菜,毛利率应低一些;筵席和特色名菜、名点的毛利率应高于一般菜品的毛利率;技术力量强、设备条件好、费用开支大的企业,毛利率应略高,反之应略低;时令品种的毛利率可以高一些,反之应低些;用料质量好、货源紧张、操作过程复杂精致的,毛利率可以高些,反之应低些。显然,传统经验对毛利率运用的限制并不完全适用于现在的竞争情况,但其中也有可借鉴的地方。

在市场经济条件下,农贸市场的价格已完全开放,原料价格受到市场价格的调节而经常上下浮动;行业上的物价政策也只限于对企业综合毛利率的控制,企业完全有自主权去决定每个具体品种的定价。因此,餐饮经营的价格促销应立足于"我的顾客"上,毛利率的运用并不完全是根据制作程度、原料进价及品种的档次高低来套入相应的毛利率,而是以目标市场的价格承受力为基点,用毛利率来调节供求之间的平衡,用毛利率去进行灵活多变的价格促销。此中,最为常用的原则是"高成本低毛利"和"低成本高毛利"。

❶ 高成本低毛利

高成本是指品种的原料成本相对较高,如一些高档的干货品种、高档的海鲜品种等。受到需求定理的影响,高档品种因为价格较高而销售量都不会很大,如果再计入较高的毛利率,其售价就更高,销售量就会更低。所以,对于这类高成本的品种,考虑到价格承受力,一般都不适宜计算太高的毛利率,而只计一般的毛利率,利用适中的价格来扩大销售量,增加其获利能力。换言之,所谓低毛利就是市场供求均衡时的价格水平。

例如,"蒜子瑶柱脯"是个高档品种,按中谷瑶柱每 500 g 进价 360 元,每 500 g 发起得 750 g 计,用湿瑶柱 200 g,其成本就是 94 元,如果计算 62％的销售毛利率,售价就是 252 元,但这样的价格肯定会使顾客望而生畏（注意：还未计入配料及调味料成本）;如果只计 40％的销售毛利率,售价是 156元,可能还有部分顾客具备消费能力。海鲜的销售也存在着这种情况。

❷ 低成本高毛利

相反,如果品种的原料成本较低,则可以计算较高的毛利率,主要包括中档左右的畅销品种。这不仅可拉近中档品种与高档品种的价格距离,更重要的是借此补足"高成本低毛利"的损失。因为在所有销售品种中,价格中档的品种占比重最大,销售量也是最高,根据需求定理和供给定理,当需求量大时,计入较高的毛利率,可增强品种的获利能力。所谓高毛利额,实际上表现为市场需求和供给均衡时的价格,也就是行价。

如炒油菜这个常年供应的品种,在正常情况下,该原料成本充其量不会超过 2 元。但在一般大排档售价至少是 8 元,按此计算,销售毛利率可达 75％,在高档的餐厅里,炒油菜还可买到 18 元或更高,销售毛利率高达 90％以上。这说明,8 元或 18 元就是在不同档次的市场上,对炒油菜供求均衡时的价格,高于这个平均线,价格会令人生畏;低于这个平均线的,会使餐饮经营者本身有所损失。

（二）毛利率的综合平衡

这样,有些品种毛利额不够,有些品种能获取很高的毛利额,无论低毛利额还是高毛利额,都需要协调各分类品种的毛利率,使其综合毛利率达到指标。这种协调是一种技巧,是营业部的主要责任之一。

从理论上说,毛利率的综合平衡就是由个别品种的分类毛利率加权平均计算出来的,是一个期望值,但实际毛利率却是以营业总收入减去原料实际损耗额所得出,是实际值。期望值与实际值会有出入,距离大小,反映了管理者的决策水平和管理能力的高低。

顺便谈谈毛利率的局限问题。因为毛利率是由费用率和利润率两者构成,在费用率中又可分成固定费用和可变费用两个部分,可变费用的多少随着营业收入而变化,与利润率成反比关系,可变费用越高,利润率就越低,反之亦然。所以,毛利率最大的局限性就表现在它不能直接反映出企业或品种的获利能力。

比如,某酒店餐饮部的综合销售毛利率是 56%,如果这个部门的费用率高达 46%,那么,利润率就只有 10%,相对偏低。当然,在费用率相对固定情况下,毛利率越高,就意味着利润率越高,但这并不成比例增长,即毛利率不能直接反映出利润率的高低。

因此,要直接体现出获利能力的大小,最好使用边际收益法(也叫变动成本法)来核算成本、制定售价和进行经营预测。不过,在中餐经营中,毛利率这个概念还是根深蒂固的,在短期内,恐怕还难以改变。

严厨管理实践:开业大吉

经过 3 个月紧张的筹备,"餐桌的记忆海鲜酒家"终于顺利开业了!

在 30 台开业宴会上,熊子涵邀来四方宾客,政要商客。张胜陪熊子涵在厅面应酬,邃爱琴在指挥上菜,杨平章在厨房督导,三人合作非常默契。一切程序都是按预订的去操作,整个宴会气氛非常热闹……

宴会结束之后,张胜长长吁了一口气。其实筹备工作并没有当初做计划时那样顺利,这也许就是每一个新开业餐厅的通病吧。无论有多么充足的时间,凡是餐厅新开业,总是带有挑战性的。比如装修工程没有按期完工,拖延了餐厅用具设施的安装和摆放,也拖延了清洁卫生的进行时间,各个岗位的工衣直到开业前三天才做好送到位,倒是厨房设备、雪库能够在开业一个月前完工并调试完毕。

第二天,"餐桌的记忆海鲜酒家"开始营业了……

思考题

1. 原料成本的概念是什么?
2. 怎样进行原料起货成本的核算?
3. 怎样进行品种成本核算?
4. 定价原则是什么?
5. 简述毛利率的分类。
6. 简述销售毛利率定价法。
7. 简述成本毛利率定价法。
8. 定价应注意什么问题?
9. 举例说明毛利率的运用技巧。
10. 怎样进行毛利率的综合平衡?

扫码看课件

项目六

出品控制技术

如果食品烹调制作的各个环节都完美无缺的话,那就没有管理的必要了。诚然,"人捉老鼠的方法不管设计得如何巧妙,往往也会弄出差错",况且,食品烹调还是以手工操作为主,随意性强,容易受人为因素影响;经验丰富固然好,但因为情绪或其他因素而难免出差错。所以,烹调管理最重要的目的就是制作出既定质量的食品,即将食品烹调的质量控制在合理的范围内,前述的烹调设计、人员配备和原料控制等问题都是围绕着这个中心而展开的。

值得注意的是,许多餐饮企业管理书籍往往着重在餐厅管理方面,而忽视了在实践中的烹调管理问题,这是每个餐饮企业管理者都不能回避的首要问题。

严厨管理实践:杨平章其人其事

杨平章自 20 世纪 90 年代初期在某烹调中专毕业后,就职于某著名酒店,90 年代末他自己辞职下海,曾任职多间大型酒店行政总厨,可谓是经验丰富。

也许命运使然,杨平章自幼喜欢烹调。进入行业以来更是如痴如醉。他可以为一种原料经加热变成怎么样而与同行争论得喋喋不休,为此他在早年入行时落得个"骂不死"的诨名;他可以不辞劳苦地跑到别人认为有特色的餐厅去尝试品种,他可以花钱请同行宵夜,因此花费了不少金钱……

他喜欢口袋里装着一个小本本,随时记下他所见到的新原料、新烹法,甚至是别人无意说出的几句话,能够启发他灵感的,他都会如实记下。他还喜欢看(不是读)书,为了买书他会一掷千金,十多年来他积累了不少书籍,其中有不少是烹调以外的书。正是这种长年累月的积累,使他在同行中享有盛誉,尤其是他对鲍鱼和燕窝的做法和见解,更是赢得了同行的认可,并自然而然地拥有一批追随者。

他个头不高,标准的广州人身材。他很讲究衣着,有人曾给他算过,他的衣服、裤子、皮鞋加起来超过 6000 元,更不用说他插在口袋里的金笔和戴在手腕上的手表了。也许是这个缘故,他总给人一种很有气质的感觉。他为人随和,喜欢开玩笑,常常在言谈间爆出令人捧腹大笑的东西。为此,他在行业上人缘很好。

杨平章认为,厨房所有问题都是围绕着出品质量而展开的。要搞好出品质量,最重要的是人选。好的人选就是要领会他对烹调的理解,要有扎实的基本功,要能够实现他那种对品种味道、型格甚至是原料初步加工的理解。

海洋酒家开业已经两个月了,在出品质量方面,虽然也有过顾客投诉,但整体上还是赢得了不错的口碑。

一、出品质量构成和特点

有效的出品质量控制,是建立在对出品质量的构成和管理现实正确认识的基础上的。

(一)出品质量的构成

对于餐饮管理者来说,对出品质量应确立这样的认识:出品质量是由原料质量、工作质量和成品

45

质量构成。

原料质量是指烹调食品所需要的各种原料的规格、品质、特点、味性和新鲜程度。任何一个品种,对使用原料都有相应的质量规定,例如,"白切鸡"这个品种质量标准是"皮爽肉嫩骨带微红",故其对原料就有相应的质量规定,要选择未下过蛋的童子鸡,老母鸡就做不出这样的质量标准。因此,对原料的质量要求是相对于品种质量标准而言,根据烹调四因素之间特定的关系模式,品种标准对原料质量的要求具有规定性,而原料质量对品种标准具有决定性,原料质量是出品质量的基础。

工作质量是指烹调工艺流程中每一个程序的效率和质量。每一个品种制作都要由若干的加工烹调程序构成,如"京都排骨",要经过斩骨→腌制→上粉→炸→炒汁→上碟这六个程序制成。受到工艺流程不可逆、一次性特点的制约,斩骨不当必然会影响到腌制,腌制不正必然影响到上粉,依此类推。这说明,工作质量取决于技术水平和人的因素,各烹调环节之间的工作质量在效率和质量上必须保持相应的协调。原料质量和工作质量是相辅相成的,好的原料质量还须有好的工作质量作保证,原料质量是食品质量的基础,而工作质量则决定了成品的质量。

成品质量是指成品所反映出来的各种质量特点。成品是烹调过程的结果,它是原料质量和工作质量必然的综合表现。成品质量的指标通常是色、香、味、形,也可以从烹调技术角度去划分如刀工、芡头、搭配、火候等。

（二）出品质量的特点

由于受到烹调方式及工艺流程的影响,出品质量具有不稳定性和不确定性两个特点。

出品质量是不稳定的。这是因为,原料质量具有易变性,大部分的鲜活原料和干货会受到温度、湿度和光线的影响而容易产生质的变化;同时,在手工操作方式中的烹调工艺流程的实现,人为因素制约着每个操作程序的效率和质量,使工作质量成为极易变动的过程。所以,成品受到这两个方面的影响而表现为不稳定。由于成品具有不可储存性,故成品质量与时间呈负相关,随着时间的推移,成品的质量会下降。

出品质量是不确定的。这主要体现在对出品质量的评价上。第一,人对出品的评价和审美受到区域饮食文化的传承和影响而带有鲜明的民俗色彩。如广东人欣赏白切鸡,山东人喜欢德州扒鸡。第二,人对出品的评价是感觉的、经验的而非理性的、逻辑的,这就是"只可意会,不可言传"的道理,因而人对出品的评价既是标准的又是模糊的。第三,虽然"口之于味有同焉",但人的口味必然受到效用递减规律的支配而变成众口难调,并且人的口味会因时、因地而变,同一个品种,不同的人有不同的评价,不同的厨师也有不同的理解。出品质量的形成不是一朝一夕的事情,而是在相当一段时间内,由各个销售品种连续的和稳定的质量累积起来的。

对于管理者来说,出品质量的不稳定性是一种客观的制约因素,出品质量的不确定性是一种主观的制约因素,它们之间的关系决定了出品质量的可控程度。

二、影响出品质量管理的因素

从多维角度去分析影响出品质量管理的因素,有助于餐饮管理者对出品质量管理问题保持清醒和客观的认识。影响出品质量的因素可以有很多,在这里,将它们归纳成三个方面来阐述。

（一）烹调方式的制约

烹调方式就是加热方式和调味方式的有机组合。众所周知,中国烹调的加热方式是以"镬文化"为主,通过镬导热,再以水或油为传热媒体将原料加热至熟,各大菜系的主要烹调方法如煎、炒、焖、炸、扒、灼等就是这种加热方式的明证。虽然每种烹调方法的使用可以是千变万化的,但到底还是以"镬文化"为主的加热方式,所谓"万变不离其镬"即如是。

味是品种的"灵魂"。中国烹调所追求的味道是"和",即讲究味与味之间的协调和统一,这是中国儒家文化的中庸之道在饮食生活中的折射。因此,中餐调味方式的基本特征是通过加热"和"出味,以加热过程为载体来实现味的协调和统一,如调味料的混合使用、酱汁的使用等,所谓"百味以和为趣"即如是。

为实现这种加热方式和调味方式,烹调工艺流程中的原料选择和刀工处理及半加工就必须符合这种烹调方式的加热和调味要求。于是,在手工操作生产方式下,原料、刀工、火候和调味这四个烹调因素之间呈多元的组合关系:一方面,火候和调味规范着原料的选择和刀工的处理;另一方面,从某角度而言,原料和刀工又决定了火候的运用和调味的选择。这四者相互制约,彼此影响,互为条件,就像系统论所证明的那样,某一因素的变化会引起其他因素的变化,从而引起整体功能(品种质量)的变化。并且,烹调四因素之间关系的变化在客观上没有恒定的保证,没有现代科学技术的支持,总是受到人为因素的影响而使原料质量、工作质量和成品质量变得非常敏感和脆弱。将这四者特定关系展开,便构成特定的、多环节的、复杂的烹调工艺流程。

上述分析给餐饮管理者的重要启示是:中国烹调方式的制约是一种不可避免的客观制约,出品质量的不稳定性正是由这种烹调方式所决定的,在这种烹调方式没有产生根本性的变革之前,这是每个餐饮管理者所必须面对的现实。

（二）人为因素的影响

在手工操作方式中,人为因素的作用有两个方面:一是指人的技术水平;二是指技术水平的发挥。人的技术水平就是烹调经验的积累,一些芋泥,几只带子,一把菜,有足够烹调经验的人便可制作出一个色香味形俱佳的"碧绿荔茸带子",若没有经验或不够经验,也许有点不知所措,这就是烹调技术的作用。烹调技术水平不好,便难以保证既定的出品质量的实现,这是众所公认的事实。但实际问题往往是,有了一定的技术水平,也未必能保证既定的出品质量,究其原因就是员工发挥不出应有的技术水平。这样,在出品质量管理实践中,技术水平的发挥相比具有这样的技术水平更令管理者头痛。用高薪聘请好厨师容易,但要使好厨师能发挥出应有的稳定的水平却不容易,这正是出品质量管理的难点。

任何食品原料都要经过若干烹调环节的制作才能成为成品,在每一个烹调环节上,人的技术水平及其发挥直接影响到烹调环节的操作效率和质量,甚至影响成品质量。每个管理者当然希望员工的技术能够正常发挥水平,但要明白技术水平不是一厢情愿就可以发挥出来的,它涉及管理方式、分配方案、人际关系等因素,也就是说,它是一种有效管理的综合结果而不单纯是技术本身的问题。

这说明了,烹调是一种技术或艺术,是因为它有人的劳动创造,因此,在以手工操作为主的烹调方式中,人为因素的影响永远都是一个活跃的因素。

（三）管理方式的影响

有位厨房部长三令五申要求其下属要使用芡汤,不要用炒勺来调味,以求味道的稳定和提高工作效率。可有些年轻的师傅不听话,总习惯用炒勺来调味而不用芡汤。有一次,厨房部长正在招待同行师傅吃饭,上了个"兰豆炒腊味",厨房部长一试,这个菜不仅味咸,而且芡不均匀,色泽差,显然是因为用勺调味的缘故。厨房部长在同行面前觉得没有面子,不由得发火了……

从表面看来,这位厨房部长是值得同情的,三令五申,苦口婆心,可他的下属居然还是"不听话",以致让他在同行面前丢脸。进一步分析,这位厨房部长也是有问题的,为什么他的下属不听他的三令五申?为什么他不能改变下属的工作习惯?为什么他不能保证他的部门出品质量的稳定?这不单纯是烹调技术问题,还是管理方式的问题。

之所以发生这样的问题,这位仁兄倒是应该反省自己的管理方式。实际上,许多质量问题的发生,归根结底就是管理本身的问题,这恰恰是管理者自己忽视了的因素。

管理方式对出品质量的影响是直接而广泛的,它主要表现在管理的手段和技巧、激励方法、分配方案和人际关系等方面。这些影响有时会立竿见影,有时要经过相当长时间的潜移默化才能见出效果,有时三言两语就可以搞清楚,有时却要历尽千辛万苦才能解决,甚至要置之死地才能后生。

值得注意的是,在餐饮行业,相当一部分的管理者是从技术层级中转变过来的,这意味着,他们都未曾接受适当的管理训练,有些甚至不知管理为"何物"。所以,造成行业的整体管理素质普遍较低,这是每个餐饮管理者必须面对的现实问题。

上述三个因素往往交叉而且是连续地影响着出品质量水平的稳定,从这个角度去看出品质量管理,就是要正视这三大因素的影响和局限,将这三大因素的影响控制在既定的范围内。

三、三点比较的启迪

除了上述分析之外,通过下列的比较,可以学习和借鉴传统烹调和西餐烹调的一些做法。

(一)传统与现代的比较:点心制作的启迪

点心基本以批量制作为主,这就为质量控制提供了一个很好的基础。因为批量制作最大的好处就是它所制作出来的每一个(以粒或件为单位)品种的质量都是均等的,与厨房总是以单件制作菜肴相比,点心批量制作的优势是相当明显的:只要确定配方,其可控程度就高,出品质量就容易稳定。在这一点上,传统与现代的制作方式是共通的。

另外,点心的加热方式基本有两种。一种是蒸汽或镬加热,这与厨房的主要加热方式相同,其可控程度总受到人为因素的限制。值得注意的是另一种以烘烤为主的加热方式,在采用了以电子控制方式取代过去烧煤加热之后,使其可控程度大大提高,也就是说,在改变了热源的前提条件下,其加热时间和加热的力度均以电子控制,可以将人为因素的影响降到最低限度。事实上,在既定的设备条件和技术水平下,这就是点心制作质量比厨房菜肴质量容易控制的主要原因。

综合这两点,得出一个重要的启迪:在确定配方的批量制作中,以电子方式控制其加热时间和加热力度,出品质量的可控程度就大。这正是传统出品质量管理的闪光点。

(二)中西烹调比较之一:加热方式的启迪

社会技术的进步和推广,使西餐业至少在三十年前就开始淘汰以煤或柴的加热方式,而采用以燃气或电为主要热源。围绕着新的热源,各种厨房设备不断更新发展,现在,已成为高度的电气化。

利用电子技术来控制加热时间与加热力度之间的关系,使加热方式实现了自动化和标准化,不再是随机性很强的手工操作。如炸,以电热为热源,只要根据烹调需求设定炸的温度和时间,那么,在特定的温度和时间中,完成炸的操作。这样,在特定的关系模式中,实现了烹调过程的局部加热自动化,提高了出品烹调的质量和成本的可控程度,也保证了每个烹调环节操作的效率和质量。

将"镬文化"与西餐电气化相比,其差异是明显的:其一,前者是手工操作,后者是电气控制,出品质量的可控程度不同;其二,主要加热方式不同,前者以镬、水或油作传热媒体,纯粹凭感觉和经验控制加热的时间和力度,后者以电子方式来控制水、油或空气等传热媒体,按设定的标准来控制加热的时间和力度,自动化程度高。

假如没有必要去评价究竟是"镬文化"好还是电气化好,那么,这种差异恰好是"中餐烹调方式本身正是出品质量重要的客观制约因素"这个观点有力的佐证。

(三)中西烹调比较之二:原料供给标准化

原料质量之于出品质量,在中西餐里是同样重要的。但由于西餐烹调已基本实现电气化,对原料的质量和规格要求非常高。如驰名世界的麦当劳汉堡包中所夹的牛肉,按规定重量是 45 kg,其调理是将百分之百的牛肉,放在 x cm 厚的铁板上烤,表面温度保持在 y ℃,烤的时间是 z min,麦当劳汉堡包的面包厚度,按规定是 17 cm,面包中的气泡,在 5 cm 时味道最佳,这是面包进入人的口中能感到最美味的时间。从这里可以看出,既定的加热方式,对原料的质量和规格有非常重要的规范作用。

正是这个原因,在西餐烹调中,从原料养种、加工、销售、采购和储存已基本实现标准化。在一些餐馆集团、大型酒店和快餐集团的经营中,常采用"中心厨房"形式,即在某一空间里把原料加工成半成品,然后分送到各个分支厨房再加工烹调为成品,这样便产生了三种效果:一是由于批量制作而形成"规模经济"效应;二是最大限度地保证原料质量(特别是半成品的质量)和降低了原料成本;三是强化原料加工的前期工作从而缩短了食品烹调的后期制作,大大地提高了食品烹调的效率和质量。

相比之下,中餐烹调的原料供给远没有达到标准化程度。虽然原料供给是相当充裕的,但原料的种养、加工、销售、采购和储存没有共同的标准可言,原料的粗加工和成品制作在同一空间完成,这就影响了原料本身的质量和加工质量,降低了出品质量的可控程度。

这三点比较说明,在手工操作中的出品质量管理,客观因素和主观因素相互作用,传统与现代、中餐与西餐的优势与不足并存。此中,管理者须明确的是,在所要面对的现实中,如何才能扬长避短,将烹调各个因素按既定的质量水平组合成最佳的过程。

四、原料质量控制

原料是烹调过程的对象,是整个烹调部门的主要投入,是出品质量管理的基础。烹调部门未能如期获得足够的数量、符合质量要求的原料,不仅食品烹调的成本受到直接影响,而且,也难以保证出品质量的稳定,整个物流运作都会受到影响甚至受停顿的威胁。因此,原料的质量控制在出品质量管理中是一项经常性的基础工作。

(一)原料质量的合理性

前面指出,原料质量是指烹调食品所需要的各种原料的规格、品质、特点、味性和新鲜程度。这些质量要求不是绝对的合理,而是相对的合理,它受到品种标准和烹调过程的限制。

品种标准的限制表现在品种标准限制着使用原料的等级或范围。"蒜子瑶柱脯"的品种要求的瑶柱要够大,才能体现瑶柱那种"圆和厚"的特点,如果用小粒的瑶柱做原料就显然不够等级,须用中谷瑶柱(行业俗称,相当于干计直径 8 cm 左右)当原料才符合品种要求。相反,如果用中谷瑶柱做"瑶柱扒瓜脯"就显得大材小用了,从成本角度考虑,采用小粒的瑶柱较适宜。这说明,品种标准对原料质量限制的基本规律是,品种标准越高,其原料质量的要求也越高,品种标准越低,可选择的原料范围就越广泛。

烹调过程的限制表现在原料加工的难易程度及其效率。一个"佛跳墙"的烹制比一个"炒油菜"的烹调要难得多,因为前者对原料的要求高,后者对原料的要求较低。一般地说,在既定的技术水平下,烹调布局和设备一旦确定之后,其工艺流程就起到规范原料加工的作用。其基本规律是,品种标准越高,烹调过程就越复杂,效率就相对越低,对原料的选择也就越严格;品种标准越低,烹调过程就越简单,效率就相对越高,对原料的选择也就越宽松。

(二)原料计划的作用就是控制原料的进、销、存

尽管有些食品烹调可用技术来补救其原料的不足,但原料质量的好坏毕竟是决定食品质量的基本因素,所以,原料的质量控制最根本的方法就是做好原料计划。

从控制的角度去看,做好原料计划就等于建立了可控制的基础。原料计划是一种有依据的对未来的预测,其准确与否,在执行过程中实际就提供了一个可以衡量和可以比较的标准。与那些"领多领少无所谓"的观点相比,良好的原料计划至少能够控制原料在烹调过程中合理的进、销、存,从而实现质量管理或成本控制的目标。

在实际的运作过程中,烹调过程原料的进、销、存表现为:进就是每天的领料活动,即对烹调部门的投入;销就是把食品原料加工烹调为成品推销到餐厅,即烹调部门的产出;存就是原料在烹调部门中的储存形态,即原料在烹调过程中的滞留。对于管理者来说,原料的进、销、存的目的与原料的成

本和质量控制的目的是一样的。应该使用哪些原料？应该领入哪些原料？各种原料的储存量应为多少？这不仅关系到烹调过程的正常运作，同时还是原料的成本和质量控制问题。

在原料的进、销、存过程中，以进为始点，没有原料的投入，亦无所谓原料的销和存，因此，原料计划的作用是通过控制原料的进，从而达到控制原料的销和存。

原料质量控制往往与原料成本控制有关。当一个品种的质量出现问题时，这不单纯是个质量问题，而且是个成本问题，因为这个品种要重复做一个或再做其他的加工补救，意味着单位原料成本的增加。

（三）制订原料计划

烹调部门的原料计划一般是以一天或未来几天（最多不超过一星期）为周期进行制订，其中，又以一天的原料计划最普遍。制订原料计划，实际上就是对原料使用的预测，其着重点是"明天需要什么原料？"要进行合理的预测，就必须综合考虑下列因素。

（1）品种构成。品种构成是制订原料计划的基点。品种的构成决定了对原料的需求，有什么样的品种结构，就必然呈现什么样的原料需求，这就是在导论中论述到的"品种决定论"在原料计划方面的体现。根据品种构成来确定原料的需求在行业上已达成共识。品种构成对原料计划的影响通常是时令品种的更改。

（2）近期销售趋势。近期销售趋势就是品种在最近几天（或特定的时期如节日、假日等）的销售中所反映出来总的指向，它从品种销售角度反映出对原料的需求。一般而言，餐饮市场及原料市场在短时期（几天）内是不会发生很大的变化，因此，近期销售趋势是制订原料计划的基本依据。假如销售趋势中某一类或某几类品种有增长的指向，那么在制订明天的原料计划时，就要适当增加这些原料的份量，反过来亦一样。

（3）明天是什么日子？餐饮销售有个特点，遇到节日、假日、社会性活动的时候，销售量必然比平时增加，如春节，销售量会比平时增加100%～150%。销售量的增加亦意味着对原料的需求增加，故制订原料计划时就要充分顾及由于销售量增加而带来原料需求的变化。

（4）宴会的货源组织。还要考虑的是，明天或未来几天有多少宴会？因为宴会筵席在原料供应方面一般比零点散餐的需求要大要集中，所以要切实做好这方面的计划。其中特别值得注意的是，宴会的备料和半成品制作要提前做好，提前做好计划。至于零点散餐中的半成品制作亦是如此。

（5）有多少存货量？最后应考虑的是，雪柜里的存货量有多少？无论原料计划制订得如何，都要正视这样的事实：假如雪柜（而不是雪库或干货仓库）的存货量能足够供应30%时，原料计划也应减去30%；存货量足够的话，就应在原料计划中抹去这个供货项目。现代的储存管理要求是，任何原料的储存都应有一个最高存量（安全存量）和最低存量（保险存量），每种原料在烹调过程中的储存亦例外。如果平均每天使用2 kg冬菇，在没有特殊情况下，其储存量不应超过3 kg。当然，在"领多领少无所谓"意识支配下，无所谓存量的限制。无限制的存量正是过去熟视无睹的现象，它包含了很多成本和质量的浪费，这也正是现代烹调管理所应避免发生的事情。

综合地平衡上述因素，才能制订出合理准确的原料预测计划。

（四）原料请购的责任和形式

原料计划，一般是由烹调部门中负责原料切配的人员制订。在厨房，是由砧板师傅负责，因为原料的储存、保管和加工是砧板线的工作范围。在点心部，是由案板或调馅师傅负责。在大规模的厨房里，也有这种做法：鲜活原料由砧板做计划，调味部分的原料由打荷负责做计划，一般是以领料单形式到仓库领料。随着规模渐小，分工也渐见综合。

每天所需的鲜活原料（特别是直拨货），一般都是在前天下午或傍晚制订计划，以保证第二天采购的进行。这时候，负责制订原料计划的人就要了解销售行情、雪柜存货、半成品存货等，再根据明天使用情况填写原料请购单。原料计划一般分成两个部分，一是鲜活原料计划，二是仓库领料计划，这里主要讨论鲜活原料即以直拨货为主的原料请购。

原料计划的表现形式就是常见的原料请购单,这是餐饮企业运作中反映原料需求的有效形式。

在过去的一些餐饮企业里,原料计划是由制订者写在一个软皮抄上的,采购部门就是根据这个本子上的原料计划来制订原料的采购计划或进行内部的调拨。软皮抄由于没有规定的形式,常常显得乱糟糟而且不够严谨,甚至会沾上厨房或点心特有的颜色和异味,"反正都是给自己人看的,不用那么认真"。

按现代的餐饮企业管理要求,当然是不允许"软皮抄现象"存在。原料的请购一律采用统一的表格。原料请购单示例如表 6-1 所示。

表 6-1 原料请购单(局部)

原料类别: 20 年 月 日

原 料 名 称	单 位	数 量	规 格	到 货 时 间

部门: 填表: 审核:

原料请购单一般是一式两联:一联送采购部,作采购凭证;一联存在请购部门,作稽查之用。

(五)关于原料请购单的三个问题

原料请购单的式样可以是多种的,对于餐饮管理者来说,不论何种形式,都要特别注意以下三个问题。

第一,原料请购单是协调烹调部门与采购部门的重要手段,也是控制原料成本和质量的起点。原料请购单必须要统一格式,统一规范,尤其是在使用电脑控制的部门,其操作方式和程序必须符合要求,否则会引起内部的不协调,以及损失某些原料成本的原始数据。

第二,原料请购单的形式和项目设计须符合内部成本分析和控制的需要。控制的一个必备条件是及时准确的信息反馈,反映在内部的信息流上,就是各种报表的项目设计。如"到货时间"这个项目,就是在时间上协调烹调部门和采购部门之间的运作,"规格"一栏反映了原料的质量标准,是控制原料进货价格和出品质量的重要参数。

第三,签名生效问题。原料请购单反映了烹调部门对原料的需求(主要是鲜活原料的直拨货),采购部门是以此为采购为依据的,原料成本的控制也是以此为其中之一的凭证的,按照"谁签名谁负责"原则,就存在着"谁签名可以生效"的问题。一般来说,原料请购单由填单人签名可以生效,在一些管理要求高的酒店里,填单人与请购生效是两回事,砧板师傅或案板师傅是填单人,做好请购计划后,要给行政总厨或厨师长签名才能生效,采购部只是认可行政总厨或厨师长"法定"的签名。因为在以功能部门为核算单位中,行政总厨或厨师长就是成本和质量的直接负责者,一旦追究责任,行政总厨或厨师长应首当其冲。

五、半成品质量控制

半成品是指那些只调不烹(如虾胶、鱼胶、各种生熟馅料等)、只烹不调(如炸面筋等),或烹调兼备(如焖牛腩、炸排骨等)但还不具备成品标准的在制品。

因为半成品是烹调过程中必须要经过的程序(如虾胶等),同时为了提高烹调效率而必须做(如扒鸭、牛腩、鲜菇等),所以,它在烹调过程中具有极为重要的意义。可以这样说,在强调效率和质量的今天,在设备条件较好的情况下,大部分原料在烹调过程中基本是半成品化的,不重视半成品的质量控制,就等于不重视原料在加工、切配环节中的工作质量,这无异于放弃对出品质量的控制。

（一）半成品加工

实现原料半成品化的渠道不外乎两个,一是进货,二是加工。进货半成品化就是采购经过加工的原料,如刮了皮的姜、洗干净的葱和各种肉类等。加工半成品化就是按照品种需求对原料进行半加工,使其成为半成品,如扣肉、鲜菇、煲汤类等。

半成品质量控制是出品质量控制过程的重要环节

实现原料半成品化要注意两个问题。①半成品化必须是品种烹调所必需的,如海鲜类品种,都是即点即宰即烹,就无需半成品化,除了海鲜类之外,大部分品种的原料都可以实现半成品化。②半成品的质量和成本必须是合理的,如原料采购,若进货成本高于加工成本和管理成本,则是不合理的。

（二）半成品的储存

烹调部门根据原料计划领用原料之后,表示原料进入烹调过程,这并不意味就万事大吉。实际上,原料在烹调过程中的流向,同样存在着质量变化的问题,其中的焦点就是原料的半成品储存。

对半成品的控制首先是要做半成品的计划,什么时候需要哪些半成品?每种半成品又需要多大的量?这跟上述讨论制订原料计划要考虑的因素是一样的,除了日常制作的半成品外,还要充分考虑本部门的储存容量和能力,如随着各种节日潮流而变化的需求,特别是有较多宴会任务时的半成品需求等。

其次,要做好半成品的储存和保管。一个烹调部门的储存容量通常是有限的,加之相当一部分的半成品是熟的,不能与生料混放;一部分半成品(如虾胶等)身娇"肉"贵,不能与有异味的半成品混放,因此,储存要求较高,稍微大意,便会使半成品的质量下降甚至报废。

储存半成品的基本要求是:根据各种半成品的使用情况,在雪柜的储存空间里划分若干区域来存放半成品;同时半成品的储存容器应规范化。要实行"先进先出,生熟分开,合理存放"的储存原则。在既定工作量的情况下,尽量提高半成品的周转率。必须定期清理雪柜,检查雪柜的储存情况。砧板的半成品应全部加盖后才能放入雪柜储存。上什的半成品应每天回笼蒸热后才能放入雪柜或雪库储存。

六、配菜质量控制

配菜就是按照标准成本进行搭配的操作过程。这是整个出品质量中的一个环节。如果配菜工作做不好,可以影响到品种的形态、味道,甚至影响到火候的运作,从而影响到出品质量。

（一）配菜习惯

❶ 一般的配菜原则

形态相宜,是指品种刀工要统一,丝配丝,丁配丁,片配片,块配块。这在烹调技术上有相当明确的要求。味型相合,是指构成品种的主料和配料在原料味型和调味上要相一致,不能相背。色彩相衬,是指主料和配料的颜色要和谐,主色和配色的比例协调。还有,所有的配菜应符合成本控制的标准。

❷ 销售规格

品种销售规格是指品种在销售过程的单位量。这涉及品种的成本问题。

一般是以例牌为基点,两个例牌的量叫中牌,两个半例牌(或三个例牌)合成叫大牌。大部分品种都可用例牌、中牌、大牌进行销售。除此之外,在日常销售规格中,还有位(如燕窝)、碗(如面食)、份(如老火靓汤)、只(如鲍鱼或鸡)、半只(如鸡、鹅、鸭)、条(如鲈鱼)、打(如榴莲酥)等等。

合理的搭配是十分重要的

销售规格可随着市场需求和经营策略而有所变化,同一个品种可以有不同的销售规格。如一条鱼,可以"条"为销售规格,也可以"500 g"为销售规格。因为销售规格涉及成本和售价问题,所以,一个餐厅的品种应尽量统一销售规格,同时,应在菜单上将销售规格反映出来。

❸ 配菜习惯

在餐饮行业,已经形成了一些不成文的、约定俗成的习惯,配菜份量就是其中的一种(表6-2)。

表 6-2　配菜份量参考数据

分　　类		份　　量	例牌/g	中牌/g	大牌/g	备　　注
传统	菜肉类	主料(肉)	100	200	400	—
		配料(菜)	150	300	600	—
	净肉类	净料	350	700	—	
	净菜类	净料	350	700	—	
流行	菜肉类	主料(肉)	100	150	—	中牌一般不超过 600 g
		配料(菜)	150	300	—	
	净肉类	净料	400	600	—	
	净菜类	净料	400	600	—	

表6-2仅是个参考标准,此中,流行类中一般没有大牌的销售规格,如果按件数计算的品种,例牌一般是按6~8件计,啫啫煲一类的品种以例牌计算,或以每500 g多少钱计算。

(二)配菜质量控制

配菜质量控制是原料成本控制的重要环节,也是出品质量的重要环节。如果每个500 g的品种多配了25 g的原料,就有5%的成本被损失,这种损失即使只有销售额的1%,也会对餐饮企业经营效益造成极大影响,这就是"小数怕长计"的道理了。

❶ 做好配菜标准

对于每一个品种来说,重要的是做好配菜标准。不要以为这是多余的工作,事实上,如果配菜标准做不好,就会影响到原料成本的流失。

正确的配菜标准是对构成品种的主料和配料进行标准核定。行业上俗称"注脚",每个厨师对品种的理解不同,因而对同一个品种,不同的厨师的"注脚"也不同;每个餐厅的经营要求不同,因而对同一个品种,其"注脚"也不尽相同。

无论怎样,每个餐厅菜单上的所有品种都应有个"注脚",这是行政总厨和营业部经理的责任。

❷ 严格按配菜标准进行配菜

(1)使用称量、计量和计数等控制工具。即使是熟练的厨师,不进行计量也是很难做到精确无误的。一般的做法是每配2~3份称量一次,如果配菜的份量是合格的可接着配,如果发现配菜份量不准,那么后续的每份都要计量,直到合格为止。

(2)按单配菜。厨师只有接到餐厅的入厨单后才可进行配菜,以保证每份配菜都有正确的依据。

(3)形成良好的工作习惯,将失误降到最低限度。

七、出品质量控制

在经过上述环节后,原料来到最后一个也是最重要的烹调环节。在这个环节中,最重要的是烹调技术问题。在出品质量控制中,技术始终是每个管理者必须面对而又十分棘手的重要问题,它直接影响着原料质量特别是食品的加工质量,甚至决定了成品质量。因为影响技术本身的是人为因素,所以,诚如前面论及那样,它表现在人的技术水平和技术水平的发挥两个方面,这里着重讨论技术的基本问题。

(一)对于一个部门来说,制作方法只能是唯一的

大凡品种烹调,都可能不止有一种制作方法。对于同一个品种,首先,因地域差异会有不同的搭配,如"佛跳墙"在闽菜的正宗经典里,是用燕窝、鱼唇、海参、鱼肚、鲍鱼、蹄筋、干贝、鸭肫和鸽蛋为主要原料,而新派粤菜的"佛跳墙"则没有鸭肫和鸽蛋。其次,因饮食喜好而有不同的制法,闽菜是用坛子煨焖出"佛跳墙",而新派粤菜则是炖出来的。最后,因师傅理解不同而有不同的味道处理,如"京都排骨"的汁料配方,有的师傅认为将浙醋、陈醋和茄汁及糖按比例调和即可,也有的师傅认为应加上一些香料。

从行业整体来看,应该允许有不同的做法,应提倡在原料、刀工、火候和调味之间的组合关系上的百花齐放,百家争鸣,只有这样,烹调技术才能得以丰富和发展,行业才有竞争可言。但是,对于某一烹调部门来说,具体品种的制作方法只能是唯一的。虽然从餐饮营销角度去说,品种应不断推陈出新,不过,在一定的时期内,任何食品在顾客心目中应保持稳定和连续的形象,假如"京都排骨"的酱汁今天是这个配方,明天是那个配方,一天一个味道,这个品种在顾客心目中就没有持续的质量形象,这正是餐饮企业经营的大忌。所以,无论行业上有多少做法,对于一个厨房来说,只能允许一种做法的存在,也只有这样,才能真正形成自己的食品特色。

(二)技术权威的作用

那么,如何确定做法呢?这就是技术权威的作用了。

技术权威在食品质量管理中的作用之一,就是确定本部门各个品种的质量标准、配方和做法。行业上对品种烹调的做法可谓是千差万别,质量标准亦因人而异,究竟采用哪一种做法和标准,需要一个技术权威来决定,这可能有点"专制"的味道,但实践证明是非常必要的。现在,餐饮行业已形成一条不成文的"公理",你在这个厨房工作,你可以保留你的意见,但必须服从这个厨房的"规矩",即这个厨房的技术权威对品种质量标准、配方和做法的限定,除非你离开这个厨房。

良好的厨房管理是出品质量的基础

在餐饮行业,技术权威往往是"天生"的管理者,技术上够资格教导他人做该项工作,亦即够资格做该工作的管理者,因而在组织中大都是将技术权威和管理者合二为一。一般为厨房部长或点心部部长,在大型的酒店和酒家里,则是行政总厨或厨师长,其具体职责反映在岗位责任制里。应该注意,技术权威的确立除了组织的正式任命之外,更重要的是本人技术水平、人际关系和知识水平的综合。在一些酒店里,由于多种原因,会出现技术权威与管理者分离的现象,造成出品质量管理的诸多麻烦,在由行政总厨主管的烹调部门里,则少见这种麻烦。

上述两点是解决出品质量管理技术问题的基本认识。

（三）确立品种质量的技术标准

品种质量的技术标准通常是色、香、味、形、刀工、荚头和搭配。

食品烹调是以手工操作为主，受到烹调方式、人为因素和管理方式的影响，其质量是不稳定的和不确定的。严格地说，难以实行标准化烹调，但出品质量管理的基本要求是必须进行标准化管理。因此，出品质量管理的基本矛盾是：一方面难以实行标准化烹调，另一方面又要实行标准化的管理。怎样解决这个矛盾呢？

首先，要明白食品烹调受到多方面原因的影响，不可能像以机械化、自动化生产为主的工业那样，其质量标准是明确的、具体的、程序的、数量的和可控的，但这不是说食品烹调没有质量标准可言，而是在某一层面上确立质量标准。如上述的色、香、味、形就是一个层面。对于具体某个品种来说，其质量标准只能是一种理解，或是一种经验，而不太可能是数量的。

其次，质量标准是相对固定的，所谓相对是指对行业与部门而言。没有相对固定的质量标准，就难以体现出其独特的食品风格。管理者应根据自己部门的风格和特点，在某个工作范围和层次上制订出切实可行的出品质量标准。相对来说，点心和西厨的烹调比较容易制订标准，菜肴烹调的质量标准较复杂。

最后，确立质量标准的权限应该是唯一的和权威的，即由部门技术权威来制订，否则难以贯彻执行。

（四）简化工艺流程

中国烹调驰名世界，以其用料广博、富于变化和制作精巧而令世人叹为观止。但许多聪明人都意识到，中国烹调自豪的同时，亦有其近忧远虑，这就是因为烹调环节繁复、时间过长，与现在社会节奏和时代要求渐见矛盾。解决这一问题的最佳选择就是简化工艺流程。

大量实践已经证明，简化工艺流程势在必行，它至少能够产生两种效果：一是提高工作效率，变繁复为简单，必然会提高烹调的工作效率，同时亦意味着减少了工作量；二是保证工作质量，越是简单的流程，工作质量就越容易保证，因为在手工操作方式的条件下，简单的烹调流程总要比复杂的烹调流程要容易控制。

简化工艺流程的方法可以是多种选择的，这里提供几点作为参考。第一，尽量使原料进货半成品化，免去粗加工程序。第二，在原料的加工过程中，应尽量使用机械化或电气化操作，这样可以提高效率，还可以使原料加工标准化。事实上，现在的厨房设备条件已经能够满足这个要求，而且应用越来越广泛。第三，利用现代科技成果，革新烹调方法，缩短烹调时间，如微波炉、高压锅和红外线烤炉等。第四，招牌品种的烹调应做到程序化和标准化。

（五）调味酱汁化

食品质量最重要的标准是味道，顾客对食品的感觉最深刻的、最直接的也是食品的味道。味道之于顾客，或许只是追求各种各样的"和"味，追求千差万异的风味；味道之于管理者，其管理难点不是怎样"和"出食品的味道，而是怎样稳定食品的"和"味。也即是说，只要操作正确，情绪正常，无论是必然或偶然，令厨师或点心师在烹调品种时"和"出应有的味道不难。

诚然，在手工操作方式中，原料质量和人为因素互为影响，使调味容易产生偏离，时好时坏，尤其是在营业高峰期间的出品，味道不稳定已成为一个通病。所以，出品质量管理一个重要的问题是，怎样从技术上保证调味的稳定。

此中，酱汁调味法是明智的选择。

酱汁调味法事实上是传统烹调的做法，经由粤菜近十几年的发展，糅合了西餐调味精华而形成的一种调味方法，它被认为是一种相当有影响的调味趋势。使用酱汁调味法的好处有三：首先，酱汁调制定量化。每一种酱汁，根据不同的需要就有不同的配方，调制有相对固定的程序，这意味着味道稳定有了良好的基础。其次，酱汁使用定量化。酱汁之于品种，都有确定的份量，每种份量，都有具体的形态,只要掌握使用份量,就能保证味道的稳定。最后,使用酱汁能提高工作效率。在出品高峰期间,酱汁调味比用炒勺调味的稳定性和效率要高。不过,只是大部分品种可以使用酱汁调味法处理,而不是所有品种都适宜使用。管理者要注意的是,要使酱汁调味法充分发挥作用,关键还是酱汁怎样使用的问题。

(六)充分做好备料工作,确保出品速度

这是指在开餐之前的所有准备工作,工艺流程中配菜环节之前的所有备料工作,它包括原料的粗加工、刀工处理、腌制、半制作等。

专业烹调的规律之一是"即点即烹",而且食品是不可储存的,这意味着顾客没有点菜之前,菜肴不能预先制好,除非是部分冷菜和汤类炖品,顾客点菜之后,必须以最快速度烹制好菜肴送上台。因此,必须做好原料的备料工作,才能保证应有的出品速度,特别是在出品高峰期间。

做好备料工作,要注意几个问题。第一,品种结构要合理。由于品种结构决定了物流过程的运作,所以,品种结构越是复杂庞大,备料就越复杂,工作量就越大。从这个角度看,品种结构一般不适宜太多、太复杂,"工夫菜"的比例应保持在合理的范围,宁愿将品种的周期缩短,否则只会增加烹调部门的工作难度。第二,对于有相当销量品种的原料来说,其备料的程度以能马上进行配菜为度。如"菜炒牛仔肉"的牛肉,其备料应以把牛肉腌制好为度,而不是仅仅把牛肉切好,因为腌制好的牛肉能直接进行配菜,保证配菜的工作效率。第三,对于"偶尔为之"的品种的备料也不能忽视。在实践中,一些品种不可没有,但又不可能有很大的销量。若不注意,往往会因为这些"偶尔为之"的品种影响了整体。第四,备料以原料的最佳储存形态为原则。如一些原料经腌制后能储存的(如牛肉)就腌制好储存,一些原料不宜腌制储存就不应腌制,一些原料须作半加工的就以半加工形态储存,只有这样,才能保证原料的加工质量和储存质量及配菜效率。

(七)提高打荷的工作质量

这是专对厨房部门而言。打荷作为一个工种在厨房部门中的作用是非常重要的,在厨房中,它是砧板线与后镬线之间的联结点和桥梁,由砧板配好的原料都要交给打荷处理,再交给后镬烹调;另外,它又是厨房里的"交通警察",负责掌握所有上菜次序的先后和上菜节奏的快慢;它还是后镬烹制之前一个很重要的"半制作"程序,许多品种在后镬烹制前,须做挤、酿、贴、卷、包、腌制等半制作;在后镬烹制之后,打荷还须负责品种的上碟造型和拼边工作。

打荷的装盘工夫是粤菜必备的程序

由于打荷的工作质量举足轻重,许多在行业上"成名"厨师的背后,总有一位得力的打荷。相比之下,一些厨房不重视打荷人员的技术素质,为节约人工成本起见,往往会让不专业的人做打荷的工作,以致影响到打荷的工作质量。

从技术角度去考虑,提高打荷的工作质量,要充分注意如下几个问题。首先,要确保打荷人员的技术素质,这是保证工作质量的基础。其次,保证半制作的工作质量和效率,对于日常大量供应的品种来说,一般不适宜采用复杂的烹调程序,以减轻半制作的负担,除非原料本身是半成品或预制品,稍经加工或加热便可出菜。再次,要做到耳听八方,眼观六路,操作干脆利落,才能得心应手。另外,是做好与砧板和上什的协调,打荷与砧板主要是品种原料的搭配问题,打荷与上什大多是半成品的预热或加工问题,打荷在其中,应灵活处理,妥善周旋。最后,做好品种装盘成型和拼边工作,这是保证品种型格的重要手段;同时,要密切配合推销工作。

（八）散餐出品

散餐的出品特点是：品种结构较复杂，一般在 80～150 个；数量零星，多有重复；出品预先难确定，在顾客没有点菜前，谁也不知道顾客想吃什么；出品时间相对较集中，总有一段时间是出品高峰期。

因此，散餐出品要注意如下技术性问题：第一，按照品种结构备好原料，尽量实现原料的半成品化，这在前面已论及。只有这样，才能保证配菜的工作效率。第二，按时做好沽清工作，及时将品种信息反馈到餐厅，对于临时沽清的原料应及时通知餐厅或营业部。第三，应实行"先入先上"的原则，哪一张菜单先到，就应先上哪一张单的菜。第四，实行"梅花间竹"原则，在多张菜单同时出品时，应先做较容易烹制的品种，在各张菜单之间轮流出品，能够搭单就尽量搭单，以保证出品效率。第五，还要遵循散餐"先汤后菜，先菜后饭"的上菜原则。既要讲究效率，又要按照上菜原则去做，这似乎是矛盾的，怎样解决呢？全靠打荷的功底了。第六，做好上碟造型的拼边功夫，在讲究品种型格的今天，成型拼边工夫是绝对重要的。第七，加强烹调与推销的配合，保证品种在烹调成型后以最快速度送到顾客桌面。第八，如果条件许可，应实行编号出品，对于因出品质量投诉而退回的品种应做好登记。

（九）宴会出品

宴会出品的特点是：品种都是预订的；对品种制作要求较高；上菜顺序有较严格的规定，讲究出品的节奏；有较鲜明的时间性。宴会的种类很多，这里只着重谈谈高级宴会和多台宴会的技术管理要点。

大凡高级宴会，其技术管理要点如下：第一，菜单确定后，由行政总厨或厨师长负责督导菜单的准备工作；第二，由头砧负责备料，备料要充分，必要时应专人采购；第三，高档干货的涨发也要由专人负责制作，以确保半制作的质量；第四，由头镬负责制汤；第五，详细研究菜单每一个品种的烹调方法及拼边图案，确定上菜次序，必要时应试制品种；第六，与餐厅有关人员协调起菜节奏，保证上菜的顺利进行；第七，起菜时，要做到专人烹调，专人打荷，专人推销。

多台宴会的烹调要点：第一，菜单确定后，砧板要根据菜单品种备好原料，对一些要加工的原料应提早进货；第二，菜单备料以半成品为度，各种原料的储存以即能烹调为度，起菜前 3 h，应全部备好原料；第三，所有冷盘菜应在起菜前 0.5 h 做好，并妥善存放，以保证卫生安全，有关佐料要提前 0.5 h 或 1 h 做好并送到餐厅；第四，与餐厅协调有关上菜事宜；第五，多台宴会的出品是批量制作，不同于零点小炒，所以，在技术处理方法上应有所区别，才能保证质量；第六，为保证上菜速度，汤羹类要预先制好，凡炸、焖、扒的品种要预先制好；第七，起菜时，由头镬领衔主持，多只炒镬同时协作，方能保证质量和速度；第八，注意分菜上碟时的量要均匀，形要整齐，推销要密切配合，保证型格的完整。

（十）点心出品

点心出品包括两个内容，一是制作，二是销售。点心制作的质量决定了销售质量，而销售质量又影响着制作质量。前面已论述，点心制作以批量为主，只要配方确定，制作程序确定，点心的烹调质量一般不会出现大问题。而问题往往在于点心的销售环节上。因为点心的销售方式与厨房菜肴的销售方式不同，前者是做好了才拿去推销，以实物形式为主，后者是有了明确的需求才烹制，以菜单形式为主。所以，点心的出品质量控制着重在销售质量上。

点心的制作和销售要注意如下问题：第一，确定每一个品种的定量配方，应提倡用厘等秤去调制馅料和皮类；第二，确定每一个品种的制作程序，包括加热方式及处理方式；第三，保证各出品口的效率和质量，特别是熟笼岗；第四，分类销售，在点心专用小车中，分熟笼车、肠粉车、煎炸车、干点车、粥车等；第五，解决保温问题，因温度高低直接影响到点心的销售质量，尤其是熟笼、肠粉和粥类等品种，一般把小型煤气炉装在点心车里作保温用，也有用干式保温的；第六，解决保湿问题，与温度一样,湿度也直接影响到点心的销售质量(以熟笼品种为重),一般是用水蒸气保湿;第七,做好点心的出品登记和回笼登记。

 思考题

1. 出品质量有什么特点?
2. 简述影响出品质量的因素。
3. 简述原料质量控制要点。
4. 简述半成品质量控制要点。
5. 简述配菜习惯和控制要点。
6. 举例说明出品质量的技术要点。

采购控制技术

扫码看课件

在物流过程中,食品原料在每一个阶段的移动和变化,可称为原料成本的流向。在这个流向中,采购是食品原料成本控制的重点。原料成本的发生和损耗,往往是从原料采购开始的,所以,做采购的控制工作,是控制原料成本的第一关。

一、原料采购的基本问题

原料采购(purchase)是重要的成本控制问题。之所以重要,在于它决定了所有原料成本的进货价格,从而决定了原料的进货质量、起货成率等其他成本因素。

随着技术的进步,原料质量和可选择性的增加,对于采购者来说,做出"到底购买何种原料"的决策是有点困难的,因为原料的市场形态有多种,由于产地不同,原料质量也有多种标准,同一个品种有多种原料质量和价格可选择。

影响进货价格的因素是对立统一的,常常会产生一些矛盾。最低的价格是一个奇妙的概念。例如,尽管放在顾客面前的是一样的"佛跳墙",但是如果原料质量不同,所付出的成本也是不一样的。原料质量也是一个相当有趣的概念。每个餐饮企业的行政总厨对原料质量的要求也不尽相同。例如普通餐厅和高档餐厅对燕窝的质量要求就很不一样,就算是对同一种原料,行政总厨的偏好不同,品种质量要求也不同,也会有不同的理解。另外,品种质量要求不同,对原料质量的要求亦不同。例如,用著名的清远鸡去煲汤就不合算。最好的牛肉是嫩牛腰肉,但没有哪一家酒家愿意用嫩牛腰肉作为"菜炒牛肉"的主料的。

采购的主要功能是以最合理的价格购买符合具体用途的最好质量的原料。为了更好地完成原料采购任务,采购人员必须正确认识进货质量、进货价格、加工效率、市场、采购方式等因素之间的关系。如果这些因素最终影响到出品质量,采购人员要学会怎样去变通。同时,采购人员还必须注意到烹调部门和仓库部门的变化。如行政总厨的变换,也许会随之带来对原料质量标准要求的某些变化;注意仓库存货的流转,尽量提高存货的周转率。

(一)原料采购的特点

原料采购不同于其他物料采购,表现为如下特点。

❶ 多样性

要维持一个中大型餐厅每天正常的品种供应的原料,每天约要上百种以上的原料,如新鲜的蔬菜、鲜活的海河鲜、新鲜的肉类禽类、各种调味料、干货、粮油米面等。原料范围非常广泛,小至几十克的香菜,大至万元多的燕窝,诸如此类,不一而足。

❷ 多变性

原料来源不同,供应渠道不同,季节不同,质量自然不尽相同;若品种质量要求不同,对原料质量的要求也自然不同;受到天气影响、供货渠道、销售状况的影响,每天对原料的质量和数量要求当然不同。

❸ 时间性

大部分的鲜活原料采购回来都要进行加工预制,因此存在着原料到位、加工时间与出品要求的协调问题,所以,对鲜活原料的采购有明显的时间要求。一般要求是在上午十点前要完成大部分鲜活原料的采购,如下午需要补货的话,要求是在四点前补回,否则就会影响到出品要求。

❹ 技术性

原料千差万异,质量亦百变千变,要在此中做出正确客观的判断,没有对原料的相当认识是不行的,这就是原料采购的技术表现。作为一名合格的采购人员,必须对原料有足够的认识,要懂得怎样去判断原料质量的好坏,懂得怎样判断原料的产地和特征,不然的话,会制造麻烦和闹出笑话。

❺ 突发性

餐饮生意状况不可控,每天来就餐的顾客,数量不定,要求不同。尽管我们可以预测大部分原料计划的可行性,但毕竟存在着不可控因素,因此还是存在着变数。例如,上午突然有顾客订一席高档宴会,恰好厨房没有某种原料,采购员就必须想办法应急采购。

(二)原料采购的形式

原料采购的形式可分为以下四种。

(1)日常采购:这是餐饮最常见的采购形式。由于餐饮运作需要大量的鲜活原料,所以日常采购主要是鲜活原料的采购,这类采购大多是直拨原料。

(2)定期采购:调味料、干货、粮油类、蛋类原料不是每天都需要的,因此多采用定期采购方式。

(3)合同采购:是指与供货商签订合同以保证供货的稳定,适用于一些长期供应,而且供应渠道单一的原料。

(4)应急采购:是为了应付餐厅里临时性的原料需求,特别是当餐厅接到临时宴会订单,但出品部门里又没有这些原料时,应急采购就非常有效了。

(三)采购组织实务

❶ 采购的组织归属

原料在进入烹调部门之前,主要是采购和储存,因而在管理上,大多数的做法是将其归入一个部门管理,即采购仓库部。

作为一个部门,传统的做法是归餐饮部门管辖,现在流行的做法是归属财务部门管辖。在中大型规模的酒店里,采购与仓库是两个不同的平衡部门,收货(验收)也是另外一个平衡部门。

❷ 采购职责

尽管大部分人对采购之道能说出许多经验和趣闻,但还是有必要重复有关采购的职责。这是从经验中提炼出来的东西,对实践有着重要的指导意义。

大量的采购经验说明,采购无非是解决这样一个问题:有人申请要买,有人同意去买,有人给钱去买。

将这三点经验归纳起来,采购的职责主要是"买什么?怎样买?"的问题,即是"如何去购买所需的原料?""如何实施对可控或不可控因素的控制"。

将这个观点具体化,即有四个方面的内容。第一,决定购买何种原料。这是采购的最基本职责之一,它解决"买什么"问题。第二,选择最佳的价格和供应商。因为价格涉及原料成本的高低,所以,这是采购最为重要的职责,它是解决"怎样买"的问题,涉及经营方针和策略的实现。第三,制订合理的采购方案,这是采购过程的控制问题。第四,处理有关货款、单据和记录采购数据。这完全是出于内部控制的需要,管理要求不同,这项工作的复杂程度亦不一样。

案例(3):WS宾馆采购员工作职责

(1)各部门急用的原料应优先安排,提前与供货单位进行电话联系。

(2)到供货部门了解、落实原料的规格、型号、数量,避免错购。

(3)认真核实各部门的请购计划,根据仓库存货情况,制订出实际采购计划。对定型、常用的原料按库存规定及时办理。应防止原料积压,做好原料使用的周期性计划工作。

（4）严格遵守财务制度,购进的一切货品应办理进仓手续,手续办妥后,立即到财务报账,不得拖账、挂账。

（5）与仓库联系,供货单位是否已送货到仓,然后通知请购部门,催促领出。

（6）外出联系业务要详细写明去向。

（7）落实当天原料实际到货的品种、规格、数量,并把好质量关。

（8）到使用部门了解原料使用情况,征询各部门的意见。

（9）原料购进后如属大批或个人难以提回的重物,应及时将提货单交给储运组办理提货。如属到站通知的,应预先通知储运组到站领取提货单。

（10）尽量做到单据(或发票)随货同行,交仓管员验收(托收除外),如因省外原料不能单据随货同行,应预先根据合同数量,通知仓管员做好收货准备。

（11）下班前,做好当天工作情况记录和明天工作计划。

（四）采购原则

❶ 合理的品质

原料品质的好坏直接影响到烹调的成本和出品的质量,这在行业上已达成共识。所谓合理的品质有三个含义:一是指原料品质应符合品种质量的设计要求,任何品种都有其特定的质量设计要求,它至少规定了对原料品质的使用。有些原料品质虽好,但不一定符合品种设计的成本标准;有些原料价格虽便宜,但也不一定能做出符合品种质量标准的成品。当然,不同档次的餐厅,对品种的质量要求亦有差别。二是指原料品质之于烹调过程的要求,相对来说,电气化程度越高,对原料品质的要求也就越高,其原料成本也会随着提高。此外,每一种烹调工艺流程对原料加工切配的品质要求也不尽相同。三是原料品质对成本的影响,其规律是:原料品质与价格成正比关系。品质越好,价格就越高,成本就越大;反之亦然。所谓"价廉物美"只能是相对某一时间的采购活动而言,实际上,在市场经济里,不存在着绝对意义上的原料品质好又是低价的便宜事。由此可见,合理的原料品质无论对于品种质量还是对于成本来说,都是非常重要的。

❷ 合理的数量

原料采购数量是通过价格而影响到成本的高低。一般来说,进货数量不够,会造成缺货,影响烹调运作;进货数量大,会使进货成本低,但这并不是一件好事。因为数量大也会造成存货成本高。合理的数量一方面能够满足烹调运作对原料的需求,另一方面符合成本控制的要求。如果提高采购数量可获得折扣,能够抵偿存货增加的成本损耗和费用损耗,就不妨增大进货数量,以减少采购成本;如果价格波动较大,则数量的多少要取决于进价涨或降的幅度,但不要忘记,进货数量不能超出储存的最高存货量。

❸ 合理的方式

作为采购原则之一,它包括有四个方面的内容:一是要求采购方式和送货时间与烹调运作部门的原料需求要相适应,因烹调原料以鲜活为主,以当天购入、当天使用为主,故这两种时间必须配合烹调运作对原料的需求;二是要选择理想的供应商,包括对供应规模、讲究信誉、按时交货、价格合理等因素的考虑;三是合理的付款方式,如现金支付、支票支付、转账支付、定期支付等,现在,付款方式实际上已影响到原料的进货价格,因而要特别注意付款方式的选择;四是要符合企业成本控制的要求和社会的有关法规,前者如采购程序的实现、成本数据的收集和记录,后者如经济合同法、交易守则等。

❹ 合理的价格

进货价格的高低,取决于原料成本的高低,是原料成本结构中的一项重要因素。进货价格是采购所有因素中最活跃的平衡因素。它最明显的作用是能调节采购原料的质量、数量、付款方式、采购方式等因素之间的平衡。质价相符,数量越多,折扣越大,就是这个道理。这几个因素之间的关系经常在变动。所谓合理的价格,就是指用进货价来协调原料质量、数量、付款方式、采购方式之间的关系,或者,使这四者之间达到某种平衡。

如果简单地理解采购原则,那就是:在原料品质上,要买有用的,要买好的,要买对的。具体涉及的问题:在原料数量和价格上,要买多少,要花多少钱买;在采购方式上,何时购买,在何处购买,向哪家供应商购买,怎样购买。

(五)采购储存过程及其问题

把采购储存过程用图示的形式描述出来,就可见采购储存控制的基本问题。

采购的运作是从请购开始的。日常的原料请购是由烹调部门发出,以报表形式传递到采购部,仓库根据储存量的变化以报表形式发出请购申请。收到请购后,采购部要进行审核,即确定其请购的有效性。之后,是订购程序,即采购过程的价格决策,包括采购数量、原料品质、采购方式的确定,这是采购控制中的重要环节。接着就是采购的具体实施,也即实际的购买过程。原料请购、审核、订购和采购是餐饮运作中信息流的表现,即对信息的收集和处理。由验收起,物流过程便开始运作,这意味着,不仅是食品原料的移动和变化,而且是原料成本信息的传递和反馈——原料成本也开始发生和损耗。验收之后,按照原料的流向,分成直拨货和储存货两种。直拨货是指当天使用的鲜活原料,验收后直接发给出品部门(大部分原料都属于直拨货);储存货是指要放入雪库或仓库储存的冻品、干货、调味料或粮油类原料,一般是由仓库领出转给出品部门。

从这个采购储存流程中,可以见到,采购储存控制的基本问题表现在如下四个方面:

(1)采购的决策问题;

(2)采购过程的控制;

(3)仓库储存的控制;

(4)如何控制合理的储存量。

也就是说,能够解决这四个问题,就可以基本把握对采购储存过程的控制。

二、进货价格的决策分析和方法

在原料采购中,进货的价格总是影响着原料的品质、数量和其他因素。原料品质的好坏、原料数量的多少,以及采购方式的选择,最终都要反映到原料的进货价格上。因此,采购决策实际上就是价格决策,这是采购控制的重点,也是整个成本控制的重点。

(一)价格分析因素

价格分析因素是指影响价格高低的各种因素。

(1)原料品质。在一般情况下,原料品质与进化价格之间的关系是正相关,原料品质越好,价格亦越高;原料品质越差,价格就会越低。也有特殊情况,当原料供应是季节性时,价格会波动较大,如新出的时令蔬菜,价格肯定偏高,当季节变化使这种原料供应量增大时,价格亦会随之下降。

(2)原料数量。采购数量之所以能够影响进货价格的高低,是因为有市场经济规律这只"看不见的手"在左右。同是一种原料,采购数量大时,所获得的折扣的绝对额就越大,摊到平均单位成本的进货价格就会便宜一点;相对来说,零星采购的数量小,进货价格就会高一点。这种情况叫做数量与价格之间的弹性。

(3)原料的供求关系。一般来说,原料的供求是通过价格来调节的,供应量一定的时候:需求量大,价格便上升;需求量小,价格便会下降;如果供应量增大,需求量保持不变,价格就会下降;如果供应量减少,需求量保持不变,价格就会上升。现在,农贸市场价格开放,总有一只"看不见的手"在自行调节着供求关系,故原料进货价格的起跌与原料市场的供求关系有关。

(4)采购方式。这也是影响进货价格的一个因素。如选择代货渠道的合理与否,实际上也影响着进货价格的高低,特别是从机会成本角度去分析。如零星采购的进货价格会高些,定期采购和日常采购的进货价格不稳定,合同采购的进货价格较稳定,现金结账要比支票结账的进货价格低等。

（二）市场行情的把握

上述因素的总和就是所谓市场行情。凡是原料采购必定要了解市场行情,把握了市场行情,就等于把握了进货价格。

把握市场行情就是收集采购资讯。如对品名种类、原料品质、原料数量、进货价格、采购时间、采购对象(供应商)、采购方法等因素的调查。

把握市场行情主要有两种方法。一种是比较法,就是把本企业的进货价格与同行的进货价格进行比较,从中发现差异。一些餐饮企业在这方面做得比较好,定期向属下的酒家提供市场进价报表,列出当前主要原料在各大酒家的进货价格。有些城市的物价局,也定期向有关酒店和酒家通报当地市场价格。有了这些价格比较,就能够基本把握到本区域的市场行情。

另一种是实地观察法。由采购部定期派员到本地区各主要农贸市场了解行情,一般每周1～2次,是作为采购部制度化的工作内容之一。实地观察法最大的好处是能够掌握市场行情的第一手资料,这对于价格来说,是非常重要的。

在中大型的餐饮企业中,这两种方法通常都是混合使用的。

（三）定价方法

餐饮原料采购所使用的定价方法主要有三种:议价定价法、比较定价法和招标定价法。

❶ 议价定价法

议价定价法就是以个别邀请的方式,洽请少数供应商报价,并由买卖双方协商价格及其他交易条件,借此选择最合适的供应商。由于餐饮业之于原料供应商,是处在买方市场,当餐厅打开门做生意时,肯定有供应商上门推销,所以,议价定价法是进货价决策中最常见和最实用的一种。

实行议价定价法时,要注意了解市场行情,确定底价,慎选供应商,了解报价所附及的优惠条件。在议价过程中,供应商通常不主动降价,采购人员必须凭借"三寸不烂之舌",说之以理,动之以情,才会有所斩获。若议价处于僵持状态,须由采购主管或经理出面解决。凡对上门求做生意的供应商,议价时应抱着可买可不买的态度,若即若离,才能收到"欲擒故纵"的效果。当供应商的需求相当急切时,应以"退一步,进两步"的手法,迅速成交。

❷ 比较定价法

比较定价法就是货比三家,选择价格合理者进货,这是常见的价格决策方法。要注意,货比三家的含义是多方面的,它包括原料的品质、可供数量、供货方式和供货价格等。所谓价格合理,就是以价格平衡这些因素之间的关系。

例如,某采购部要采购牛肉,主要用于制作大众化品种,所需牛肉数量每天是20 kg,现将报价及有关条件整理如表7-1所示。

表7-1　报价参考数据

货　　主	单价/(元/500g)	质量	可供数量/kg	结算期限/天	采购方式	货主信誉
A	5.6	去筋	10	10	送货	好
B	5.0	去筋	15	15	送货	一般
C	4.6	有筋	25	10	不送	一般
D	6.95	进口	不限	合同	送货	好

分析这些资料可知,D货主的进价最高,以制作大众化品种的成本角度去看,尽管D货主的信誉好,又送货,但用进口牛肉成本太高,暂不考虑。C货主的进价最低,但牛肉带筋,按每500 g去筋的

起货成率为80%计算,实际上C货主的每500g牛肉进价是5.75元,而且不送货,会增大采购成本,与A、B两货主的条件相比,C货主的进价确实难以接受。A与B相比:前者进价贵,后者较便宜;前者结算期为10天,后者结算期为15天,从资金周转去看,当然是B货主好;前者的信誉比后者要好,但这两者的供货量都不够20kg;所以,较合理的选择是A货主进10kg,B货主进10kg,这样,牛肉的进货价可降到每500g5.3元。

诚然,这仅能够说是较合理的,因为在实际操作中,还应综合考虑诸如人际关系、付款方式等因素。在进行比较定价时,可运用上述议价的技巧,使进价达到合理。

比较定价法之所以实用和常用,主要是因为它具有弹性,适合零星采购和日常采购的要求。

❸ 招标定价法

招标定价法就是对所要采购的原料实行价格、规格、品质、数量的公开招标,然后根据供应商的投标以及市场调查,会同有关部门负责人共同进行决策。在这方面,ZG大酒店是一个范例。

ZG大酒店的做法是:每隔10天,采购部印制多份原料需求表格,上面反映出餐饮部对原料规格、品质、数量等方面的要求,由供应商(以个体户为多)花几元钱买这些表格,按照自己的供货能力填好表格,交回酒店采购部指定的信箱里。然后,由采购部的秘书打开信箱,把各供应商的报价及有关条件整理成资料,再把采购部的市场调查资料整理成参考资料,根据这些资料,由成本总监、采购部经理、营业部经理和行政总厨共同决策。其操作过程如图7-1所示。

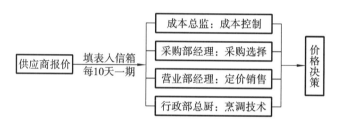

图7-1 ZG大酒店采购决策流程

此中,成本总监负责从成本控制方面来考虑进货价格,采购部经理是从供应商本身的信誉、供应渠道等方面进行选择,营业部经理是从销售的角度及品种信价的角度来考虑问题,而行政总厨是从品种结构和烹调技术角度来考虑进货原料。四个人考虑角度不同,在讨论不下时,一般由成本总监定案。

招标定价法与议价定价法和比较定价法一样,也要货比三家,但相对而言,招标定价法的操作较程序化些,对管理者和管理环境的要求高些,适合于日常采购、定期采购及合同采购等方式。

(四)进货价格的稳定

影响餐饮运作的主要是客源和货源两个市场。一方面,餐厅之于顾客,是通过品种价格来确立供求关系,因此,为了在这一顾客市场中树立一个稳定而良好的价格形象,品种供应的售价就不能经常变动。另一方面,现时农贸市场的价格已经全部开放,各类原料的供求完全是由"看不见的手"来支配的,像海鲜这一类原料,基本是每天一个价,浮动弹性大。这意味着,餐厅在顾客面前必须保持稳定、持续的价格形象,同时又必须要承受农贸市场进货价格的浮动。对内部成本控制来说,不稳定的进货价,会给成本核算和控制带来许多困难,也会给价格形象造成不好的影响。所以,如何稳定进货价格,是采购价格决策中的重要问题。

稳定的价格是建立在稳定的供求关系上的。在市场经济条件下,顾客之于餐饮企业就是"上帝",因为餐饮企业必须通过满足顾客需求而获取利润,才能生存和发展;而餐饮企业之于供应商是"上帝",因为供应商也要通过满足餐饮企业的原料需求才能有利可图。这样,通过餐饮企业与供应商之间供求关系的稳定,就可以在一定的时点上把进货价稳定在特定的范围里。

目前,大多数餐饮企业都采取这种做法:日常使用的鲜活原料的采购价以10天(或15天)定一次价为准。也就是说,在10天内,原料采购是按照采购部与供应商确定的进货价进货,而不管这10天当中市场价格如何浮动。如果市场价格上浮,供应商的成本增大;如果市场价格下浮,则供应商的成本减少。大量的经验表明,若进货价定得准确,大多数情况下是能够反映出市场价格的,除非采购部对市场行情不了解或了解不多。10天(或15天)的含义是:以内部责任会计的核算和结算周期为限(也有些原料是20天或一个月的),10天之后,供应商凭着验收单到财务部以确定的进货价格和结算方式进行结算。然后又开始下一个10天的报价和操作,如此周而复始。

这仅是指日常使用的鲜活原料,对于那些定期采购的原料(如一般干货、调味料和冻品),最好是按照合同价格操作,或按当时的价格进货;对于那些贵重原料(如高档干货)和进口原料,可按当时进价计算。

案例(4):WS酒店定价程序

(1)属于仓管正常库存的货物采购,采购员须将三家以上的报价(人民币或兑换券)报采购部经理审定后,方予以办理。

(2)由客户每天交货的鲜活货类(包括鲜活海鲜),实行10天一期定价。各客户于定价前两天报价给采购部经理,然后由采购部经理召集食品采购员共同定价,定价表一式影印若干份,交由有关部门和人员作计算成本和核查价格之用。

(3)干货、海味、糖、油、米、面及其制品等,则每月一期定价,方法同上。

客户报价 ⟶ 采购部定价 ⟶ 总经理审批

三、采购过程的管理

正常的采购控制应该是一种制度化的管理,即各种采购活动都有相应的制度限定,活动的进行都会受到相应制度的约束。

(一)请购程序控制

请购是整个物流过程运作的始动力,也是原料成本控制的开始。许多非正常损耗的发生,都可以从原料的请购中找到原因。例如,因仓库储存量过多导致的非正常损耗,就是因为请购量过多造成的。

原料请购,在采购运作中一般都有程序上的规定,在管理要求较高的酒店里,这种规定表现为制度化的工作流程。

案例(5):WS酒店原料请购程序

(1)仓库各仓的正常库存补充计划,须根据该部门制订并经总经理审批同意的月度计划填写请购单(PR单),可在PR单后附上请购清单,提前10天交采购部经理审批后交食品采购组办理。

(2)每日购进的鲜活原料类,由仓管员于进货前一天的下午3:00前(蔬菜类则于前一天的上午9:00前)将填写好的请购单送交采购部经理审批后交食品采购组办理(特殊情况或特殊品种可由仓管员作适当库存)。

(3)季节性食品请购由使用部门向仓管员填交请购单,由中、西餐行政总厨签名批准后,交仓库和采购部及时办理,结束时应由行政总厨下达停止供应单给仓库,由仓库通知采购部停止采购。

(4)计划外的急购申请,应由使用部门向仓库填制请购单,由中、西餐正、副行政总厨签名批准同意后,交采购部及时办理。

(5)非采购部人员对客户下达的采购指令,一律无效。

(6)鲜活海鲜:由仓管员根据当天编制的有效领料单,每天填写PR单交仓库经理审批后转采购部补批。

饮食部门 → 仓库 → 采购供应商　　PR 单一式四联

(二)单据控制

在采购过程中,会产生大量的单据,这些单据记录着有关原料供应、采购的成本信息,也是成本控制的原始数据,做好这些单据控制,对于餐饮企业的成本控制来说,是非常重要的。

❶ 采购日报表

采购日报表(表7-2)是采购过程中最重要的报表,它记录了每天全部采购的原料信息,如规格、数量、单价等,还可根据各烹调部门实际情况做分类报表处理。一般是一式两份,一份留存用作验收依据,另一份送财务部备案;也有一式三份的,其中一份送餐饮部经理存档。

表 7-2　某酒店水产品采购日报表(部分)

品　　名	产　　地	供货人	单　价	数　　量	与目前比较

填表:　　　　审核:　　　　日期: 20　年　月　日

❷ 核价审批表

核价审批表(表7-3)适用于鲜活原料的采购,特别是每 10 天的原料报价。一般是一式三联,第一联留采购部作备查,第二联送财务部作结算依据,第三联交餐饮部作请购依据。

表 7-3　某酒店每旬核价审批表式样

20　年　月　日至20　年　月　日

品　　名	规格	报价	执行价	品　　名	规格	报价	执行价
肉鸡				精肉			
三黄鸡				带皮上肉			
草鸡				猪脚			
童子鸡				梅肉			
野鸡				净肥肉			
竹丝鸡				大排			
肉鸭				小排			
填鸭				肋条			
麻鸭				猪肝			
乳鸽				猪腰			
鹌鹑				猪心			
肉鹅				猪脑			
鹅掌				猪尾			
鹅翅				大肠			

续表

品　名	规格	报价	执行价	品　　名	规格	报价	执行价
鸡肾				肠七寸			
鸭肾				猪大骨			
鹅肾				猪筒骨			

采购部：_____　财务部：_____　批准人：_____

❸ 请购单

请购单反映各出品部门的原料需求状况,是进行采购决策的主要依据。

❹ 市场行情资料

这是有关供应商、供货渠道,以及原料种类、规格、品质和价格的资料,主要是通过市场调查和通过供应商两个办法获得,用作采购决策时的参考。

（三）合同控制

在市场经济条件下,合同是进行经济活动的一种形式和保证。凡是大量的和稳定的原料需求,最好是与供应商签订合同。

❶ 合同内容

在供货合同中,应明确规定供应的原料对象、原料品质、原料规格和所提供的服务标准或做法。

合同的供货价格要明确,需要具备一些必需的条件:在履行合同前,价格调整了,就按履行时的市场价格计算;在履行合同后,出现延期交货,如市场价格上升,则应按合同价格结算,如市场价格下降,则应按市场现价结算;同时,还要注明对延期付款的时间按银行现行利率或国际浮动汇率计算收取所延期款项数额的利息,这就是所谓合同价。

合同责任要明确规定双方应尽的义务、责任和做法。特别重要的是规定违约责任,包括违约金若干、罚金若干和赔偿损失三项,物料订购及一般合同的赔偿额一般为合同总额的千分之一至千分之五,鲜活原料合同赔偿额在30%左右。对某些合同来说,还应明确担保条件（如银行保证或缴纳违约金）和解决纠纷的方式（包括协商、调解、仲裁、诉讼）。

❷ 合同范本

采购合同范本如表7-4所示。

表7-4　采购合同范本

签订日期20　年　　月　　日

案号__字__号

合约号__字__号

（买方）向（卖方）订购下列货品经双方制订买卖条件如下：

项　目	原料名称		规格说明	单位	数量	单价	总价
	中文	英文					

续表

项　目	原料名称		规格说明	单位	数量	单价	总价
	中文	英文					
货价总计							
交货日期							
交货地点							
付款办法							
包装方法							
附件							
验收	1.卖方所售货品必须限期交齐,由买方按照上列规范验收 2.不合规范或有损坏的货品,由卖方取回并限期调换交齐 3.因退换货品所发生的费用及损失概由卖方负担,延期罚款						
延期罚款	1.除经买方查明认为非人力所能抗拒的灾祸,并确有具体说明者外,卖方按合约所定的日期交货,否则每逾期1日罚未交部分货价千分之(　) 2.因退换货品而致逾原定交货日期,概作延期论						
解约办法	1.如卖方未能履行合约逾期(　)日,买方可自行解除本合约,并通知卖方 2.卖方应退还所领订金并按当天银行一般商业放款利率偿付息金 3.卖方未能履行合约应处以违约罚款,该项罚款应按未交货品部分货价百分之(　)计算 4.解约前的逾期罚款,卖方仍照数缴付买方						
保证责任	卖方应觅殷实商铺作连带保证(或提供实物担保)买方履行本合约各项条件,否则由保证人负责赔偿买方一切损失并放弃先诉抗辩权(或处分实物)						
其他	遇有争执,卖方同意买方所指定的法院为第一审管辖法院						
买方签字盖章	卖方签字盖章 供应商名称_____ 负责人_____ 地址_____ 电话_____	卖方签字盖章 供应商名称_____ 负责人_____ 地址_____ 电话_____	卖方签字盖章 供应商名称_____ 负责人_____ 地址_____ 电话_____				

❸ 签订合同注意问题

签订合同的双方必须是法人代表(或是有法人委托书),所以,特别要查明签约对方代表的身份证明和经济人身份,如签约委托书、供应商信誉等。合同内容要合法,尤其是要有法律依据。充分体现协商、平等、互利的原则,既不强加于人,也不接受强加于己的条款。坚守合同,等价有偿,保证本企业对外的信誉。此外,凡涉及重要利益或合同金额较大的合同,应取得主管机关或公证处监证,以求必要的法律保障。

❹ 合同督导

合同签订后,要由专人督导合同的落实和执行。要经常检查合同执行情况,发现问题,应立即督促供应商改进,报知上级主管。要注意不可抗拒的因素能找出的法律依据。要抓紧办理出现的索赔事项,应及时依法追索经济赔偿,并在必要时采取措施,如扣押身份证、登报、处理保证金、冻结存款和合同押金等。

（四）金额控制

采购过程中，必然涉及金额控制问题。对此，大多数餐饮企业都有严格的财务制度规定。一般来说，日常采购有明确的定价程序，实际上就是对采购金额控制的一种形式。另外，凡是一次性大宗的采购或合同采购，金额超过某限度的，要有严格的审批手续，这个限度视企业情况不同而有所差异，有些是三千元，有些是五千元。

（五）采购惯例

采购人员应该知道在采购过程中的某些惯例，并根据这些惯例做出灵活的采购决策。

（1）折扣。折扣有两种方式：一种是按付款时间折扣，例如，按时付款可享受 1% 的折扣。另一种是根据采购数量来确定折扣的数量，即购买数量大于某一单位时，就能享受一定的折扣。比如，一箱货物 5 元，若采购 10 箱，可享受 10% 的折扣。数量折扣可以采取累计的形式，在发货时不打算改变基本的价格结构时使用。例如，供货商的发货员在发货时制出账单或发票，每次发货量不同，采购者事先不需要任何订单，供货商在一定的时间里派车送货，以补充餐饮企业的存货，司机先按固定的价格索价，过了一段时间后，供货商确定餐饮企业的消耗量，并根据消耗量给予一定的回扣。

（2）采购日期。采购时若能巧妙地安排订购时间，可节约一笔资金。供货商一般会有一定的付款期限，若能在付款期的开始期间采购大量的货品，并使用之，而在付款期快结束时付款，就能提高企业资金的使用效率。例如，甲从丙购买大多数调味料，甲付给丙的账款在每月月末才结算，可享受 1% 的折扣。甲在月初时向丙购买了大量的调味料，到了月末存货不断减少，甲在下月初再进行订购。这样，企业不仅可以使用这些调味料，而且还可以因为按时付款享受 1% 的折扣。

丁也从丙那里进货，但采购时间订在月末，这样丁就不得不在很短时间内付款，否则无法享受折扣。

假设甲、丁每月消耗 5000 元物品，甲在月初采购，丙整月都销售，若成本率为 50%，则每月可得 10000 元的收入。企业可当月收回，并在月内支付丙的货款。实际上，甲每月用的丙的资金，月末按时结账的话，还可行 1% 的折扣，即 50 元；而丁由于在月末采购，不得不立即付款，且用的是自己企业的资金，增加了经营的总成本，如果丁不能按时付款，50 元的折扣也失去了。

（3）回扣。回扣是人们不太赞成的方法，它是指供应商直接给采购者一笔钱或一些实物，条件是采购者继续购买该供应商的物品。这种做法是违法的，索取回扣会受到法律的指控。

（六）价值分析

价值分析是一项重要的且十分有用的采购技术。价值分析的目的是剔除物料中不需要的部分或材料，因为那些东西徒增成本。同样，使用不必要的过高质量食品和服务等也会增加成本。虽然每个品种的价值都可以做相应的价值分析，但首先要将成本比较大的项目进行分析。当然，也可以对某种原料的进货进行突击分析。例如：用来做汤的、做菜的、做炒菜用的番茄，其质量是否都要相同？或将牛排和标准菜比较一下，所用的番茄是否一定要大小相同？有些菜肴所用的番茄是不讲究大小和样子的，因此，这类番茄可以稍差些，以尽可能降低采购费用。

（七）最优质量问题

食品原料的最优质量是：越适用，质量就越高。从这个意义上说，最优的质量就是最适用的质量。这实际就是一个经济成本问题。

例如，要煲一个老火靓汤，需要加入一定数量的猪肉，这里的猪肉可以是里脊肉，也可以是猪瘦肉，就原料的质量而言，里脊肉最好，价格也是最高的，与之相反的猪瘦肉，质量与价格都是最低的。但用来熬汤，两者的效果几乎没有差异，就企业来说，当然用猪瘦肉来熬汤是最好的，因为其最为适用。

食品原料有一大特性，就是原料的成品程度。原料的成品程度可分成五等：毛品、粗加工品、待制品、半成品、成品。其分类的根据是原料的被加工程度。

例如海虾，采购回来是毛品，去壳后的虾肉就是粗加工品，再加上腌制后成为虾仁，就是待制品，把虾肉再加工成虾胶，就是半成品，最后把虾仁或虾胶加热至熟，就是成品（图7-2）。

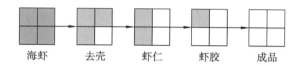

海虾　去壳　虾仁　虾胶　成品

图7-2　海虾从毛品到成品的五个阶段

对于餐饮机构而言，所购入的原料成品程度越高，企业对原料需求支出的成本和费用就越少，反之亦然。降低成本，增加收益，是企业经营活动的基本原则。从这一点说，购进半成品是最合算的，尤其适用于人工费用开支昂贵的发达地区的餐饮机构（表7-5）。

表7-5　不同成品程度结构比较

毛　品	粗加工品	待制品	半成品	成品
购入价格	购入价格	购入价格	购入价格	购入价格
加工损失				
	加工损失	加工损失		
工资费用			加工损失	
	工资费用	工资费用		
			工资费用	工资费用
其他费用	其他费用	其他费用	其他费用	其他费用
利润	利润	利润	利润	利润

原料的半成品程度越高，进价自然就越贵，原料的成品程度越低，进价自然就越低。从这一点说，购进毛品最合算，然后依次类推。这一点对人工费用开支微不足道的欠发达地区的餐饮机构尤为适用。

向高成品程度发展是未来的一种趋势。然而，高成品程度原料并不可能也不可能完全替代低成品程度的原料，这是因为这些原料有着许多高成品程度不具备的优势，比如种类丰富，分布广泛；价格低廉；新鲜；营养成分完整无损；便于就地取材；顾客的偏爱……

因此，最佳的质量概念是个动态的概念，当我们要进行采购决策时，千万不可以静止的观点去对待它。

四、验收控制

原料采购到货后，验收工作是一项十分重要的工作，原料采购之后，必须要经过验收才能确认采购的原料到货，才能作为直拨原料或储存原料送到出品部门或仓库，然后填写验收单，企业开始确认成本的发生和损耗。

（一）建立健全的验收机制

健全的验收机制包括称职的验收人员、实用的验收器材、合理的验收标准和验收程序、良好的验收习惯和有效的检查和监督。

（1）称职的验收人员。验收员必须聪明、诚实、有丰富的原料知识。验收员是个重要角色，每个企业必须重视这个角色的作用，因为他对原料的验收在某种程度上决定了一个餐饮机构综合毛利率的多少。

（2）实用的验收器材。如不同类型的磅秤,就是验收的重要工具。

（3）合理的验收标准。验收标准就是各个出品部门的请购标准,或者是出品部门与采购部门协商好的原料质量和数量的标准。首先,要满足出品部门对原料质量的要求,这涉及专门技术,通常由出品部门提出,要以品种质量标准为基础。其次,经济实用,在质量和数量方面以能够适合供货商为原则。标准说明应该简单实用,不能太琐碎,否则易流于形式,但不能太宽,致使劣货冒充。

（4）合理的验收程序。每个餐饮企业必须设计出合乎本机构实际情况的验收程序。

（5）良好的验收习惯。按照既定的验收程序操作,养成良好的验收习惯。

（6）有效的检查和监督。餐饮企业管理人员应不定期检查验收工作,复查各种原料的数量和质量,并设法使验收员明白,管理人员非常关心和重视他们的工作。

所谓验收是指检查或试验后,认为合格而确认原料的到货,或者说,就是确认原料成本的产生。检查的合格与否,以验收标准的确立以及验收方法的制订为依据,来决定是否验收。

（二）验收程序

验收程序主要是围绕着核对采购计划、盘点数量、检验质量,填写有关单据和报表。

第一,核对采购计划。当供货商送来原料时,验收员首先要核对送来的原料是否与采购计划中的采购是相符的,以防止验收没有采购计划的原料,同时,核对原料进货价格。

第二,盘点原料数量。验收员根据采购计划中的数量对原料进行数量的检验,主要采用点数、称量等方法。

对鲜活原料的称量要特别注意水分,最好是沥干水分再称量。如蔬菜和肉类原料,最好使用验收专用的塑料漏盘,将送来的原料过一遍,沥干水分,才进行称量。

对有外包装的原料,应先拆掉外包装再称量。对于密封的箱或其他容器的原料,应打开一只作抽样调查,查看里面的原料数量与重量是否与容器上标明的一致,然后再计算总数。对于高规格的包装原料要全部打开逐箱点数。

第三,检验原料质量。其依据是采购计划上的标准说明,通常是由使用部门(如行政总厨或各出品部门主管)负责检验。检验原料质量的方法很多,一般使用的是感官检验法、经验检验法。因为在原料的生产和供应没有形成社会化时,只能是以经验为主。

第四,填写验收单。无论是什么形式的送货,都要填写验收单,验收单的式样如表7-6所示。

表7-6　××燕窝海鲜酒家验收单式样

20　　年　　月　　日

供货商＿＿＿＿＿＿＿＿　　　　　　　编号＿＿＿＿＿＿＿

订购部门＿＿＿＿＿＿＿

品名	规格	单位	数量	单价	合计	备注
合计						

供货商＿＿＿＿＿＿＿＿　　　　　　　验收员＿＿＿＿＿＿＿

不同的餐饮企业对验收单的式样要求不同,这实际上反映了不同的内部控制要求。有些原料需要直接拨给出品部门使用的,所以,验收后直接拨给使用部门(表7-7)。

表 7-7 验收领用单式样

供货单位＿＿＿＿＿＿＿ 领用部门＿＿＿＿＿＿＿ 日期＿＿＿＿＿＿

发票号码＿＿＿＿＿＿＿ 购货记录编号＿＿＿＿＿＿

货物名称规格	单位	验收领用数量		单价	金额	分页	备注
		购进数	领用数				

记账　　　　领用人　　　　　　验收　　　　　制单

验收单一式三联(或四联),第一联给供货商存档,第二联留仓库做账,第三联交财务部存档。图 7-3 是 ZG 大酒店验收程序及单据流向的示意图。

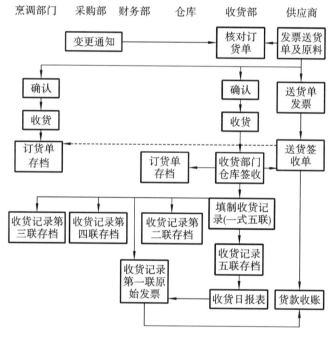

图 7-3 ZG 大酒店验收程序及单据流向

第五,退货处理。退货的情况有两种,一种是送货数量比订购数量要多。这种情况是经常会发生的,比如订购的是 5 kg 牛肉,但供货商为了多做生意,送来了 5.5 kg 的牛肉,这时,应酌情退货,或割掉一部分牛肉进行验收。另一种情况是送来的原料不符合验收的质量要求,这时应请示行政总厨或餐饮部经理,经同意后,填写"退货单",将货退掉。

第六,处理直拨原料和储存原料。直拨原料是直接拨给出品部门使用的原料(大部分是鲜活原料),储存原料就是进入仓库储存的原料。对直拨原料应及时送到使用部门,对储存原料应尽快贴上随货标签,送到仓库储存。在操作上,直拨原料一般都填写验收领料单,储存原料一般都填写验收单。也有些餐饮企业对直拨原料填写验收单后,再填写领料单。

验收员每天应该制作一份验收报表(表 7-8)。验收报表一式两联,一联留存备查,另一联送财务部稽查。

在餐饮企业运作中,采购与验收应该分流处理,如果采购与验收是同一个人来操作,就起不到控制的作用。

表 7-8　验收报表式样(局部)

原料名称	供应商名称	发票号	数量	单价	金额	直拨原料				储存原料			
						一厨房		二厨房		雪库		食品仓	
						数量	金额	数量	金额	数量	金额	数量	金额

思考题

1. 原料采购的特点是什么?
2. 采购的组织管理形式有哪些?
3. 举例试论述采购原则。
4. 举例说明采购决策的定价方法。
5. 简述采购过程的控制问题。
6. 简述最优质问题。
7. 简述验收控制过程。

储存控制技术

一、认识储存

原料存货控制与其他行业的不同,餐饮经营中的原料储存控制不仅要考虑保持一定的存货数量,而且要考虑加工中的数量和已经销售出去的使用量。同时,储存是一种成本损耗,因此,对仓库的控制是整个成本控制中重要的一个环节。

(一)储存是有必要的坏事

有研究者对美国和日本关于库存的看法做了一个形象的比喻:美国的国土面积大,所以电冰箱的容积也特大,日本的国土面积少,故电冰箱的容积也小,看起来,电冰箱的容积与国土面积成正比。这个比喻虽然有点夸张,但实际上反映了美国与日本对库存的不同看法。美国是站在"生产时库存是有必要的"角度来看待库存的,所以,他们认为库存是生产和销售的"救世主"。而日本则是站在否定的角度来看待库存的,故日本的生产管理制度是从否定库存开始的,亦即提倡"零储存",基于这种观点,他们认为库存是资金运作的"坟墓"。

无论是"救世主"抑或是"坟墓",对于餐饮企业运作来说,我们所公认的事实是,餐饮业不可能没有储存。也就是说,餐饮企业运作不可能做到"零储存"状态,尤其是在社会化大生产还不完备的现实条件下。诚然,从某种角度而言,原料或物品在仓库里的储存,总是资金积压的一种形式,也是成本损耗的一部分;原料储存越多,资金积压就越多,损耗的机会也就越大。这样,既然不能做到"零储存",而储存本身又是一种积压和损耗的机会,那么,仓库的储存就是一种"有必要的坏事"。基于此,就必须对仓库储存进行有效的控制,否则,"有必要的坏事"很容易变成没有必要的坏事了。

储存最大的特点是无收益性,即投资的无收益性。这个特点应从两个方面看。首先从投资看,这种投资一方面是表现在各种类型的仓库、机器设备、运输工具等生产性固定资产的投资;另一方面表现在流动资金方面的大量库存物品所占用的资金、人工费用的支出、其他生产与管理费用等。再看无收益的问题,有关库存方面的固定资产或流动资金的任何投资不会因为库存而产生新的利润(投机因素不包括在内)。而且,储存需要不断追加投资,以维持正常作业和管理活动的进行。因此,库存占用了一定量的资金,却不能为企业赚得新的经济收益。

(二)关于储存控制的观点

案例(6):三位家庭主妇的三种做法

假设有三位家庭主妇,她们每天都要给家人做饭,她们都要管理家里的冰箱。

A主妇的做法如下:先打开冰箱看看,如果冰箱里只剩下一个鸡蛋,或只剩下一块猪肉,她就立即出去买。这种做法就是随时保持一定的库存量,当库存量不够时,即表现为达到订货点,应立即进行采购,这就是"订货点管理"观点,是传统库存管理的方法。

一段时间后,A主妇产生了两个烦恼。其一,她虽然努力想端出精美的食品上餐桌,但冰箱里的原料总不能令人如意,不是质量下降就是没有原料或原料不够。另一个烦恼是,由于要立即去买,因而购买价格比平常要贵百分之二十到百分之三十。

B主妇以前和A主妇一样,采用"订货点管理",同样遇到A主妇的烦恼,为了避免这种烦恼,她认真思考,得到一个结论,想吃的东西,和平常所购买的东西没有关联。于是,她根据家人想吃的东西,列出原料,然后看看冰箱里是否有储存这些原料,或储存量不够,再根据储存量去进行购买。不妨将这种做法叫"以产定存管理"观点。目前,餐饮企业大多数是以这种观点来进行仓库储存管理的。

C 主妇一向精打细算,她对 A 和 B 两种做法不以为然,她淡然地说:"管理冰箱最好是在必要的时候,储存必要的东西,或者是将必要的东西,在必要的时候,烹调必要的品种。"她的步骤如下:①做一份每天需要做的品种原料单;②确定品种份量,算出原料必要量;③确认冰箱中原料的储存量,从必要量中扣除,算出不足量;④再查品种原料单,确认必须购买量;⑤再检查冰箱中有没有需要购买的原料,如果有,就从购买量中扣除,这才是真正的购买量。

管理学者将这种做法称为"MRP 管理"观点。MRP 是英文 material requirements planning 的缩写,即"物资需求计划",是现代企业极力推崇的一种库存管理观点。

客观而论,对于餐饮企业来说,很难用是与非的角度去评价这三种观点。从餐饮企业的实际情况看,"订货点管理"适用于需要应急采购的时候,虽然这种方法"传统"一点,价格会贵一点,而且应急采购的概率不是很高,但是,它毕竟是适应了餐饮企业运作的突发性需求,故不能因为它有如此缺点便否定它的正面作用。"以产定存"实际上已被餐饮企业广泛采用,尤其是对大部分日常储存和使用的原料采购来说。这种做法的作用是明显的,它根据销售量趋势来确定储存量,无疑是合理的,有人认为它就是 MRP 方法的简化形式。诚然,它也有不可避免的缺点:在这种方法下的储存量难以适应原料延迟交货、品种结构的变更所带来的影响,而且对每种原料的储存量管理不是那么严谨。相比之下,MRP 方法是一种先进的管理手段,在餐饮的产销过程中使用这种方法,能够确切知道每一种原料的储存量和采购量,因而能够对原料成本实行全面而系统的控制。

但正因为它的先进之处,其实施的要求也高,要用电脑来处理和分析大量的成本信息,要有严格的执行程序和既定的分析方法。在一些管理要求高、已经实行计算机管理的酒店里,对仓库储存控制时就是使用 MRP 方法,但在还是以手工操作方式为主来处理成本信息的大部分餐饮企业中是不能使用的。不过,有一点可以考虑,就是在物料控制方面,因为其不像原料有那么多变化,核算周期较长,完全可采用 MRP 方法进行控制。

二、储存的基本要点

原料经采购验收后,便开始了原料成本的产生和损耗。从管理程序上说,即进入了实物形式的保管。此时,需要有关管理人员首先弄清原料对储存保管的一般要求、注意事项,然后掌握原料具体储存管理的方法。

(一)储存的基本要求

储存的基本要求包括仓库的类型、温度和湿度的要求、卫生要求、储存设备要求几个方面。

❶ 仓库的类型

如果条件许可的话,餐饮机构应设置功能不同、类别不同的仓库。按地点分类,仓库可分为中心仓库、各经营点的分仓库;按物品的用途分类,仓库可分为食品仓、酒水仓、物料仓;按储存条件分类,仓库也可分为干藏库、冷藏库、冷冻库。

❷ 温度和湿度的要求

几乎所有原料或饮料对温度、湿度和光线的变化都十分敏感。不同的原料储存对温度和湿度的敏感程度不一样。因此,不同的原料,存放于不同的储存仓库中,并给予不同温度、湿度和光线,才能保证最佳的储存质量。表 8-1 是有关参考数据。

表 8-1　储存原料的温度和湿度要求

储存仓库	原料类别	适用温度/℃	适用湿度
干藏库	干货原料	10~22	50%~60%
	米面类	10~19	
	烈酒类	10~22	
	果酒	10~22	
	啤酒	10~22	
	矿泉水	10~22	
冷藏库	肉类	0~5	85%~95%
	水产品	0~2	
	家禽	0~2	
	乳制品	0~2	
	黄油和鸡蛋	0~2	
	新鲜水果和蔬菜	2~3	
	熟食	2	
冷冻库	所有需冷冻储存的原料	-24~-18	保持高湿度

❸ 卫生要求

仓库的地板和墙壁表面应经受得起重压,易于保持清洁,并能防油污、防潮湿。

仓库在任何时候都应保持清洁卫生。应制订清洁卫生制度,按时打扫,而不是什么时候有空,什么时候才打扫卫生。冷藏库每天都应整理整齐,溅出的食物应立即擦净。要做好防虫、防鼠工作,墙上、天棚和地板上的所有洞口都应堵住,窗口应安装纱窗。特别是要注意阴暗角落和货架底下的清洁卫生,绝对不可堆放垃圾。

❹ 储存设备要求

(1)货架。对容易变质的原料来说,货架应有一定的高度,以使空气形成循环。对不易变质腐烂的原料,结实的钢架是比较理想的,最好还能够调整高度。任何时候都不应将原料直接放在地面上。

(2)容器。原料必须放在合适的容器中,大部分原料(但不是全部)送来时是装在密封的容器里的,但有些是装在没有密封的容器里,如纸箱、木板箱和麻袋等,这样很容易受到昆虫和害虫的侵袭。这样送来的原料应该转移到密封、防虫容器内。对于容易变质的原料,要注意用最能保持它们原有质量的方式保存。

仓库其他设施还有搬运工具、称量工具、工作台等。

(二)储存的管理要求

餐饮原料储存管理的基本过程可分为三个阶段,入库验收→储存保管→离库处理。

❶ 入库验收

入库验收这项工作通常由仓库部门与使用部门联手一起进行,仓库部门的验收侧重于原料数量和分类的点验,而使用部门则侧重于对原料本身质量的检查。

质量检查是以数量检查为直接前提的。仓库在进货时,确认原料数量之后,便开始质量检查工作。质量检查重点在两个方面:入库原料的质量把关和对原料自身储存条件的分析。入库原料的质量把关主要是根据采购规格书所订的标准进行,而对原料自身储存条件的分析,主要是看订购的原料是否适宜于存放在仓库之中。

通过验收的入库原料应立即入库保管。原料入库之前,要进一步分类、登记和签收,分类是为了更方便地管理;登记和签收,是为了建立来龙去脉的账目体系。

❷ 储存保管要求

库存原料保管的五项原则:一是仓库原料的储存量越低越好;二是仓库原料的储存量与烹调、销售、消费相吻合;三是仓库原料应分类集中存放在明确的地点;四是对于仓库原料,应建立健全的保管、养护、检查制度;五是加强对仓库保管人员的管理工作。

❸ 合理的存放方法

(1)分区分类。根据原料的类别,合理规划原料摆放的固定区域。分类划区的粗细程度,应根据企业的具体情况和条件来决定。

(2)四号定位。四号是指库号、架号、层号、位号,四号定位指对四者统一编号,并和账页上的编号统一对应。也就是把各仓库内的原料进一步按种类、性质、体积、重量等不同情况,分别对应地堆放在固定的仓位上,然后用四位编号标出来。

(3)立牌立卡。对定位、编号的各类原料的存货标签和永续盘存卡。

(4)五五摆放。根据各种原料的性质和形状,以"5"为计量基数堆放,长×宽×高,均以"5"作为计算单位。这样既能使原料整齐美观,又便于清点发放。

三、发货控制

仓库储存积压着一定的资金,可以说是餐饮企业的一笔大投资。仓库里储存的原料和物品对于管理者来说应该是一清二楚的,但对于一般员工来说,则往往忽略。一些不会从收银台偷钱的员工,也看不出从仓库里拿点东西有什么过错。因为他们认为许多存货有自然的损耗,即使拿一些,也看不出来或问题不大。所以出入仓库的人数应严格控制,整个仓库控制系统还应保持精确的记录。

(一)发货形式和方式

发货工作是从采购入仓后或从仓库储存中发出原料供给烹调部门使用的过程。

原料发货有两种形式:一是无需入仓的直拨原料,二是库存原料的发放。

直拨原料的发货主要是鲜活原料。这些原料经验收合格后,从验收部门直接发放至烹调部门,其价值按当日进货价格记入当天原料成本账内。验收员在计算当日原料成本时只从进货日报表的直接进货栏内抄录数据。当然,并非每一次的记录都这样简单。例如,有的原料经验收后,其中一部分须直接送到烹调部门,记录成本账目时作为直接发货,而另一部分应送仓库储存,因而得作为仓库储存分别登记,这是一种情况;另一种情况是,有时,一批直接进货,烹调部门当日用不完,剩余部分第二、三天才得以消耗完,但这批原料的成本已记入进货当天的原料成本,因而会不切实地增加那天的原料成本率。但为了简化手续,直接进货经过验收,在进货日报表上作登记之后,便直接送交烹调部门,以后仓库便不做其他任何记录。

库存原料的发货包括干货、冻品、调味料、粮油等。这些原料经验收后入库储存,在烹调部门需要时从仓库领出,在领出当日转入当日原料成本账目。因此,对每次仓库原料发放都应有正确的记录,才能正确计算每一天的原料成本。每天仓库向烹调部门或酒水部门发出的原料都要登记在发货日报表上。发货日报表上汇总每日仓库发货的品名、数量和金额,并且注明这笔成本分摊到哪个部门的原料成本上,并注明领料单号码,以便日后查对。月末,将每日的发货日报表上的发货金额汇总,便可得到本月仓库发货总额。

(二)发货控制

(1)定时发货。规定发货时间非常重要,因为这直接影响着烹调过程。烹调前根据自己所需要的原料填写领料单(表8-2),仓库按领料单进行发货。

表 8-2　领料单示例

领料部门：　　　　　　　　　　　　　　　　日期：20　年　月　日

仓库类别：□食品仓　□雪库　□物料仓

品名	货号	请领数量	实发数量	单价	原料金额	饮料金额
合计						

领料人：　　　　　　发料人：　　　　　　　部门主管：

为使仓管员有充分的时间整理仓库，检查各种原料的库存情况，不致因忙于发货而耽误其他工作，应规定每天的领料时间。大部分的餐饮企业规定在每天早上 8:00～11:00、下午 3:00～5:00 这 2 个时间段为领料时间，其他时间除紧急情况外一般不予领料。

（2）凭单发货。领料单是发货的原始凭证，领料单上应正确记录仓库向各烹调部门发放的原料数量和金额。领料单的作用首先是可以控制仓库的储存量，其次是核算各烹调部门的原料成本，再次是控制领料量。领料单至少一式三联，一联随发出的原料交回领料部门留作记录，一联送财务部做原料成本核算，一联留存仓库备案，以汇总每日的领料总额。

（3）准确计价。原料从仓库发出后，仓管员有责任在领料单上列出各项原料的单价，计算出各项原料的金额，并汇总领取原料和饮料的总金额。

（三）内部调拨和转账

大型的餐饮机构可有多个烹调部门和餐厅。在烹调部门之间、餐厅之间或酒吧之间，常常会因业务需要产生食品原料的互相调拨和转让，厨房与点心部之间的成本调拨更为常见。

为使各自的成本核算达到相应的准确性，内部原料成本调拨应坚持使用调拨单（表 8-3），以记录所有的原料调拨往来。在统计各烹调部门或餐厅的原料成本时，要减去各部门调出的原料成本金额，加上调入的原料成本金额。这样可使各部门的经营情况得到正确的反映。

表 8-3　调拨单示例

调入部门： 调出部门：			时间： 编号：			
品名	规格	单位	数量		金额	
			请拨数	实拨数	单价	小计
合计						

调出部门经手人：　　　　　　主管：　　　　　　仓管员：

调入部门经手人：

原料调拨单应一式三联或四联,调入部门与调出部门各存一联,第三联及时送财务部,有的企业要送一份给仓库记账。

四、盘存控制

为了掌握原料的实际储存情况,必须要对仓库进行盘存,这是原料成本控制中的一个重要环节。通过盘存,能使管理者对储存情况有深入的了解;发现账、卡、物之间不平衡的地方;确定各种统计信息,以供分析;从某一个侧面反映出企业的经济形势和经济能力;同时,可及时处理积压的原料。

(一)盘存方法和周期

盘存的方法有两种:一种是账面盘存,即根据有关账、卡、物和出库入库单据进行统计,核算出原料成本在仓库储存的变化,这是每天要做的工作之一,它的表现形式就是有关仓库报表;另一种是实物盘存,就是对各种储存原料进行逐一清点,填制盘存报表,这是仓库定期必做的工作之一。

盘存周期的确定,除了适应财务会计要每月进行一次实物盘存之外,应与内部成本控制和核算的周期同步,若部门的成本控制和核算是以 10 天为一个周期,那么仓库的盘存应予以同步。当然,为了减少盘存的工作量,在账、卡、物三者基本相符的条件下,应以账面盘存为主,实物盘存应分析进行,有所侧重,即对重要的和价值高的原料实行"循环盘存",增加盘存次数,保证重点管理,对于廉价的原料,就尽量减少实物盘存次数,只要保证不至于缺货的程度即可。表 8-4 列出了永续盘存卡局部示例。

表 8-4　永续盘存卡局部示例

品名:_____　　　　　　最高库存量:_____

规格:_____　单位:_____　最低库存量:_____

20　年		凭证号数	摘　要	收　入　数	发　出　数	结　余　数
月	日					

(二)盘存实施

在规定的实物盘存时间内,由仓库主管、成本总监和行政总厨及有关人员进行盘存,没有这种职称的企业则由相应职能的人员实施。仓库人员要及时整理好货位,做好盘存准备。盘存应按仓库分类进行。

盘存时,对包装完整的整袋、整箱、整桶的原料可按其规定的容量标准计算,防止错漏。对散装原料要进行验斤、点数和测量。

凡已付款入账,但尚未办完入库手续的在途原料、临时寄存在外单位或委托外加工的原料,都应当作库存处理。代为保管的原料不作为库存处理。

盘存最终的结果就是盘存报表,这是控制原料成本的一种很重要的信息。因此,盘存要做好记录,按盘存报表上的项目认真填写。盘存报表的形式有多种,以下示例只是其中的一种,参见表 8-5。

表 8-5　盘存报表局部示例

原料类别：_____　　　　　　　盘存日期：20　年　月　日

编号	品　　名	单位	单价	账　面　数		盘　存　数		损　　耗		备　　注
				数量	金额	数量	金额	数量	金额	

填表：　　　　　　　　　　　　　　主管：

（三）盘存比较

管理者要注意账面存货与实际存货（如表 8-5 中的盘存数）的差异。在非常理想的条件下，账面存货与实际存货才会相同，实际上这两者总是存在着差额。造成这个差额的原因主要是两个方面：一方面是操作上的错误，如领料成本计算不当，用最近的进货价来计算实际的存货成本，永续盘存卡的记录出现错误等；另一方面是无法容忍的原因，如未收到领料单就发货、因保管不善而使原料腐烂变质、员工偷盗等。在通常的情况下，账面存货与实际存货的差异不应超过核算期间发货总额的 1％，若以 10 天为一个核算周期，发货累计总额 14400 元，那么，这两者的差异不应超过 144 元。如果超过 1％，管理者就要追究入库、储存和发货等环节的成本责任了。

（四）库存原料的计价方法

盘存最后计算库存原料的价值，这里有若干计价方法供参考。

例如，某餐厅采购部 4 月份购进草菇罐头，从仓库账上摘录该项原料的购进单价和价值等数据（表 8-6）。

表 8-6　库存原料价值计算数据

时　　间	品　　名	货　号	进　出　货	数量/个	单价/元	金额/元
4 月 1 日	草菇罐头	AB-5601	月初结存	55	4.40	242
4 月 8 日	草菇罐头	AB-5601	购入	90	4.60	414
4 月 17 日	草菇罐头	AB-5601	购入	90	5.00	450
4 月 26 日	草菇罐头	AB-5601	购入	50	5.20	260
合计	—	—		285	—	1366

❶ 实际进价法

如果仓库在库存的原料上挂上货品标牌，标牌上写有进货的单价，那么采用实际进价法计算领料的原料单价和库存原料的单价就比较简单，也最合理。假如该餐厅 4 月底实物盘点时结存 60 罐草菇罐头，根据货品标牌，它们的进价分别为：

$$10 \text{ 罐} \times 4.60 \text{ 元/罐} = 46.00 \text{ 元}$$
$$15 \text{ 罐} \times 5.00 \text{ 元/罐} = 75.00 \text{ 元}$$
$$35 \text{ 元/罐} \times 5.20 \text{ 元} = 182.00 \text{ 元}$$
$$\text{合计} \qquad 303.00 \text{ 元}$$

❷ 先进先出法

如果不采用货品标牌注明价值，可按照货品库存卡上进料日期的先后，采用先进先出法计价。

先购入的货品的价格,在发料时先计价发出,而月末库存则以最近价计价。在上例中若以先进先出法计价,草菇罐头的月末库存额为:

$$50\ 罐\times5.20\ 元/罐=260.00\ 元$$
$$10\ 罐\times5.00\ 元/罐=50.00\ 元$$
$$合计\qquad310.00\ 元$$

❸ **后进先出法**

由于市场价格呈增长趋势,采用后进先出法,可使记入原料成本的原料价值较高,而记入库存存货的价值较低。按后进先出法,月末草菇罐头的库存额为:

$$55\ 罐\times4.40\ 元/罐=242.00\ 元$$
$$5\ 罐\times4.60\ 元/罐=23.00\ 元$$
$$合计\qquad265.00\ 元$$

采用后进先出法计价,在实际发货时,还是应将先入库的原料先发出,只是原料价值的计算采用后进先出法而已。

❹ **平均进价法**

如果仓库储存原料品种的数量较多、较大,其市场价格波动也较大,采用上述方法计价较复杂时,可采用平均进价法。平均价格是指将全月可动用的原料的总价除以总数量计算出单价,上述例子中草菇罐头的平均价格为:

$$1366.00\ 元\div285\ 罐\approx4.80\ 元/罐$$

月末草菇罐头的库存额为:

$$60\ 罐\times4.80\ 元/罐=288.00\ 元$$

平均进价法需要计算可动用原料的平均价格,比较费时,因而应用不是十分广泛。

❺ **最后进价法**

如果仓库未采用货品标牌,也无货品库卡反映各次进货价格,为方便计算库存额,可采用最后进价法。最后进价法是一律以最后一次进货的价格来计算库存的价值。这种方法计价最简单,如果仓库没有一套完整的记录制度,或者为了节约盘存时间,可采用最后进价法。当然最后进价法计算的月末库存额不太精确,往往会偏高或偏低。上述例子中草菇罐头的库存额以最后进价法计价,其价值为:

$$60\ 罐\times5.20\ 元/罐=312.00\ 元$$

用上述五种方法分别计算同一种原料的库存结存情况,会使这种原料的月末库存额的价值有五种。如上述例子中:

$$实际进价法:303.00\ 元$$
$$先进先出法:310.00\ 元$$
$$后进先出法:265.00\ 元$$
$$平均进价法:288.00\ 元$$
$$最后进价法:312.00\ 元$$

最高的价值量与最低的价值量间相差47元,一种原料有这样的差异,仓库所储存的所有原料的差异就相当大了。所以,餐饮企业要根据财务制度和库存管理制度确定一种计价方法,并按统一的计价法计算,不得任意变动。

五、储存量控制

原料在仓库储存过程中并无直接收益,是一种"有必要的坏事",这实际上就是告诉管理者,必须有效地控制原料的储存量。仓库控制的一个重要层面是对储存量的控制。

（一）储存量不合理的影响

为了进一步讨论储存量控制，先来看看下面的案例。

案例(7)：鸡蛋的储存量

假定，某厨房每天使用鸡蛋的最高纪录是六箱，平均每天使用四箱，如果要去买鸡蛋，必须要用一天时间才能买回来。在这种条件下，鸡蛋在仓库的储存量应该是多少箱才算合理？

❶ 存量不合理的影响

(1)先来看看储存量不合理的影响。当鸡蛋储存量过大时，便会有以下不利的影响。

①大量资金积压。按每箱鸡蛋60元计(批发价)，如果储存量是30箱，就是1800元，这对于一个中型餐饮企业来说，或许是"小儿科"，但是，餐饮企业运作所使用的原料又何止鸡蛋一种，最保守的计算也有100多种。如果按每种原料的平均储存金额都是1800元计算的话，就是18万元的资金了，这样，最终的结果可能是利息损失或资金周转不灵。

②增加储存成本。30箱鸡蛋的储存空间至少占5 m³，如果仓库每立方米有储存成本基准，并且储存空间不是无限的话，过分和不必要的储存量会增加其储存成本，同时，会助长盗窃。

③容易使原料质量下降、腐烂或变质。只要设备条件正常，鸡蛋储存一个月或更长时间不成问题，但问题是那些易变质的原料(如虾仁等)，因储存量大而造成储存时间过长就会使质量下降，甚至腐烂变质。

(2)反过来，当鸡蛋储存量过小时，同样会有不利的影响。

①供应不足。如果仓库只储存一箱鸡蛋，显然不够平均每天4箱的供应量，直接影响到厨房的正常运作，特别是那些与鸡蛋有关的品种供应；鸡蛋尚如此，当其他原料的储存量不足时，对厨房的影响就更为直接和明显了。

②应急采购。储存量不足，就要实行应急采购，这种"临时抱佛脚"的采购方法不仅浪费时间，而且难以有效控制进货价，会失去大量采购时的折扣优惠。

❷ 影响储存量的因素

(1)原料的种类和性质。

(2)原料的成品程度。

(3)烹调部门的供应能力。

(4)原料的库存能力。

(5)市场供应状况。

(6)供货期限。

(7)仓库内部工作组织实施。

(8)餐饮企业购销政策和计划。

❸ 原料储存的定量单位

从上述分析中可得出，必须要控制储存量。这主要表现在三个方面：确定储存的定量；掌握库存结存情况；确定库存管理数据和指标定额。后两者是通过账面盘存和实物盘存以及上述仓库管理要点而实现的。这里，着重讨论储存的定量问题。

原料或物料的储存，都应有定额或定量限制。例如，鸡蛋是以箱为单位。不过，烹调部门所用的原料远不止鸡蛋一种，因而要根据原料的包装、用途及使用量，并且要在烹调部门与仓库之间充分协商之后，再来设计定量或定额。以下是部分储存原料或物品的定量定额参考。

(1)冻品肉类以供应天数为储存单位，或以包装为储存单位。

(2)罐头制品以天数为储存单位。

（3）一般干货以月使用量为储存单位,高级干货以实际需要量为储存单位。

（4）调味原料和粮油以月使用量为储存单位。

（5）餐具以只数为储存单位,或以套为储存单位。

（6）印刷品以月使用量为储存单位。

（二）怎样确定合理储存量

控制储存量最重要的是确定合理的储存量。

❶ 确定储存量的度

要真正确定鸡蛋的储存量,还要理解确定合理储存量的两个度:最低存量和最高存量。

（1）最低存量:也称基本存量,是指原料本身变质或其他因素变化时,仍有足够的存量保证供应的原料储存量。例如,鸡蛋,在发生下列现象时,仍然能够保证有足够的存量供应:交货日期延迟、供应渠道变化(有些原料是季节性缺货)、转换供应商、需用的原料量不减或突然增加,等等。最低存量表现了企业与货源市场的关系。

（2）最高存量:又叫安全存量,是指仓库里的储存量能够应付部门运作中突发性、营业收入增加时对原料的需求。在餐饮企业运作中,由于人们的饮食需求弹性较大,存在着许多不可控因素,永远都存在着营业收入突然增加、就餐人数突然增加、销售量突然增加等突发性可能。例如,由于欧洲旅行团增加,早餐要吃鸡蛋三明治,鸡蛋的使用量达到或超过上述的最高纪录,但仓库里鸡蛋的安全存量仍然能够满足这种需求。因此,这也是仓库储存的基本职能之一,它表现了企业与客源市场的关系。

（3）合理存量:所谓合理存量就是最低存量与最高存量的相对关系。其中以最高存量为准。大部分餐饮机构的仓库都有个最低存量,但各种原料究竟储存多少为合理并不清楚,通常只是用"大概是这样吧"或"有备无患"的意识去看待储存量的,对最高存量的认识模糊,造成应付有余,储存过量。不能说这种认识完全没有道理。但现代餐饮管理的要求是能使原料的合理储存量有一个准确的量化指标,此中关键的问题就是:如何确定合理存量? 在鸡蛋的例子中,鸡蛋的合理存量应该是多少?

❷ 合理储存量的计算

凭经验可以判断出鸡蛋的合理存量是多少,但这只是一种"大概",或者,只是"知其然而不知其所以然"。在这里,我们所解决的问题是准确的量化和"为什么"会这样而不是那样。

根据上述最低存量和最高存量的相对关系,可得出以下五组关系:

$$最低存量＝每天最高使用量＋订货周期使用量 \tag{8-1}$$

如果没有最高使用量数据,可用平均每天使用量代替

$$采购期使用量＝平均每天使用量＋订购周期 \tag{8-2}$$

订购周期一般以天数表达

$$保险存量＝每天最高使用量×保险天数 \tag{8-3}$$

如果没有误货期,保险存量是平均每天使用量;如果没有最高存量,可用平均每天使用量

$$合理存量＝平均每天最高使用量×订货周期天数＋保险存量 \tag{8-4}$$

订货期天数指采购期间所用的天数

$$最高存量＝平均每天使用量＋最低存量 \tag{8-5}$$

最低存量已经考虑了每天最高使用量和订货周期使用量

$$采购数量＝最高存量－实际存量＋订货周期使用量 \tag{8-6}$$

以上述为准,再根据鸡蛋案例里给出的条件,便可测出鸡蛋的合理存量:

鸡蛋最低存量＝每天最高使用量＋订货周期使用量

　　　　　　＝6＋4 箱

　　　　　　＝10 箱

鸡蛋保险存量＝每天最高使用量×保险天数

　　　　　　＝6×1 箱

　　　　　　＝6 箱

鸡蛋合理存量＝平均每天最高使用量×订货周期天数＋保险存量

　　　　　　＝6×1＋6 箱

　　　　　　＝12 箱

鸡蛋最高存量＝平均每天使用量＋最低存量

　　　　　　＝4＋10 箱

　　　　　　＝14 箱

如果实际存量和永续盘存卡上只有 6 箱鸡蛋,那么:

鸡蛋采购数量＝最高存量－实际存量＋订货周期使用量

　　　　　　＝14－6＋4 箱

　　　　　　＝12 箱

由此可见,对于仓库储存的原料来说,最高存量和最低存量确定了之后,实际上也就确定了补充仓库储存的采购数量了。

❸ 确定合理存量的其他问题

在计算仓库合理存量时,鸡蛋如是,其他原料亦如是。不过,要注意实行合理存量控制的对象。一般来说,大部分鲜活原料只在烹调部门考虑有储存需求,在仓库则不考虑储存;但烹调部门中需储存的原料可参照上述方法计算原料的合理存量;需要在仓库储存的原料可分成两大类:不稳定的原料需求的库存量应接近于零(如鳝片等);较稳定的原料需求即用上述方法来确定合理存量(如排骨、乳猪等)。需求量少但又必须有储存的原料应以最低存量作为合理存量的度,如香精等;需求量大的原料才使用最高存量作为合理存量的度,如肉类冻品。在计算合理存量时,要注意储存原料的单位确定。

合理存量的确定以烹调部门与仓库之间充分协商为原则,合理存量一旦确定,要以制度形式来划分成本和管理责任:存量不足,仓库有权作补充请购;若因存量不足而影响到运作,则是仓库的责任;对于那些没有合理存量限定但又必须有适当储存量的原料(如西瓜等季节性强的水果),由烹调部门根据使用情况决定储存量,因存量不足而影响运作的责任当然就是烹调部门;仓库应对任何在仓库储存过程中发生的质量问题负有主要责任。

案例(8):效益与库存管理

明珠夜总会是底特律市中心一家功能齐全的娱乐活动中心。该夜总会是由欧文·休伯特先生和罗杰·韦克菲尔德先生合资经营的。夜总会总投资为 28 万美元,内部设施有酒吧、游戏厅、台球室、迪斯科舞厅、一个有 40 个餐位的法式西餐厅和一个快餐厅。

夜总会开业后头两年,收入和支出持平;两年后开始赢利,销售收入和利润一直稳定上升。但是从去年开始,夜总会第一次出现了利润下降的趋势。欧文和罗杰一时不清楚问题出在哪里。他们的财务主任认为,问题可能出在仓库存货的控制方面,他建议对库存原料进行一次清点和检查,从这里入手或许能找到利润下降的原因。欧文和罗杰采纳了这个建议。

库存原料的检查、清点结束时,发现库存账目和实际存货不符,特别是酒水出入较大。欧文和罗杰一开始对此并不介意,他们知道夜总会为了促销经常要免费赠送客人一些酒水。然而,到了下一个月末核对账目时,他们发现酒水的库存账目与实际存货量之间出现了更大的不符,这才开始重视。他们认为这绝不是偶然现象,决定就此事进行一次彻底的查账。

韦斯利在夜总会任酒吧经理已五年。他手下的吧台主管名叫史米特,在这里已工作三年。他们两人性格完全不同,韦斯利相对内向,接待客人十分小心谨慎;而史米特却爽朗大方,很受顾客欢迎。

他们俩与欧文和罗杰都保持着十分融洽的工作关系。此外,夜总会雇佣了 6 名酒吧员工,其中 3 名是正式员工,另外 3 名是兼职员工。每逢复活节、圣诞节和学校暑假期间,夜总会业务较忙,再临时增加小时工,这些小时工一般都不顶班。

欧文要求酒吧经理韦斯利利用晚上时间尽快把问题弄清。但韦斯利一再解释说,他无法找到问题出现的原因,他十分肯定他手下的员工没有人私自偷喝酒水,欧文同意从餐厅调一名服务员到酒吧间上全日班,让韦斯利腾出时间总结酒吧的经营情况,理清库存出现的问题。

欧文为此找韦斯利郑重地谈了话。谈话后,韦斯利有一种预感,如果库存问题查不清,他有可能被老板解雇。史米特安慰韦斯利说,不管最后是否被解雇,这件事你一定要弄清楚,找出合乎情理的原因,而解决问题的方法是查阅过去库存的流水账,看物品在出入库的过程中发生了什么问题。韦斯利非常赞成史米特的建议。午饭后,他抽空考虑了这个问题,写出物品出入库的程序。

(1)物品购进后,先置放在夜总会后门的货架上。

(2)运到库房排列存放好。

(3)酒吧、厨房和餐厅的员工根据营业需要去库房领货。

(4)酒吧领来的货物存放在吧台后面的小库房中。

(5)从小库房中取出一部分货物摆在吧台的酒水架上。

(6)出售给顾客。

午饭后,韦斯利又回到酒吧。他的情绪好多了,他将写好的货物出入库程序拿出来给史米特看,史米特建议他去找刚来实习的弗农,因为他正在研究一个餐饮企业管理方面的课题。

当天晚上,韦斯利就去找正在夜总会实习的经理弗农谈了库存出现的问题。弗农表示,如果能将处理这个问题的资料和信息作为他研究课题的一部分,他愿意帮助弄清问题。韦斯利欣然同意。紧接着,调查工作开始了。弗农认为第一件要做的事情是画出一张仓库作业流程图,帮助他弄清目前仓库运转的程序。为此,弗农设计了一张调查问卷,请韦斯利尽快完成。以下是调查问卷样本。

第一部分:进货程序。

1.1 采购来的物品在何处卸货?

在夜总会的后门,紧靠着厨房的后部。

1.2 物品卸下后,是如何进入仓库的?

有时是由仓管员自己搬进。如果运气好,有时是送货人帮助搬进仓库。

1.3 物品入库时由谁来点货?

没有固定的人来清点,只是看谁当时路过或愿意帮忙,帮着清点。

1.4 物品入库时是否填写购货明细单?

目前还没有。

第二部分:存货方式。

2.1 是谁将入库的物品排列整理好?

仓管员或他的一个助手。

2.2 整理时他们是否对物品进行清点?

只是大概看一下,不具体查数量。

2.3 仓库是否保持适当的温度? 物品有无腐烂变质现象发生?

这方面常出问题,仓库的控温系统经常坏。

2.4 仓库收货后,每项物品如何登记?

登记到库存分类卡上。

第三部分:库存物品发放程序。

3.1 库存物品是何时发放的?

没有规定的时间,只要仓管员收到领货通知单,任何时间都可以领货。

3.2 领货时需要履行哪些手续？

　　填写一张领货通知单。

3.3 酒吧员工中一般由谁来领货？

　　没有固定的人员，谁有时间就谁来领。

3.4 领货通知单由谁签发？

　　酒吧经理或酒吧的另一个员工。

3.5 从仓库领出物品后，存放在哪里？

　　先存放在吧台后面的小仓库里。

第四部分：库存物品的价格问题。

4.1 出库物品的价格如何订？

　　我们不负责物品的价格。我们只负责出库物品的数量。

4.2 这里是否有经常性的报告，说明每周出库物品的价格总额？

　　我们有这样的报告。但是一般约在六周后才能看到，因此它的作用不大。

第五部分：你的其他意见。

　　这里还有一个值得注意的问题：酒吧领出的物品有时转到餐厅和厨房使用。在这个转发过程中，酒吧和厨房、餐厅的员工互相之间没有任何转发手续。这样的情况几乎每天都发生。

第六部分：请提供一张货物入库、出库及相关部门的地形平面图。

　　略。

　　现在假设你是夜总会的实习经理弗农，看完问卷的答案和夜总会的地形平面图后，要求你代替韦斯利向夜总会总经理写一份报告，主要内容如下：

　　(1)概括说明库存原料短缺的主要原因。

　　(2)对如何加强库存管理和控制提出你的建议和意见。

　　(3)简述引进计算机库存控制系统的优势。

思考题

1. 为什么说储存是"有必要的坏事"？
2. 简述储存的基本要求。
3. 简述发货控制要点。
4. 简述盘存控制要点。
5. 库存原料的计价方法是怎样的？
6. 建立有效的库存控制制度的作用和功能是什么？
7. 怎样控制合理的储存量？
8. 为什么要采用计算机库存控制系统？

经营分析技术

扫码看课件

一、一般分析

经营分析技术就是对餐饮企业经营运作的整体把握,它能够帮助管理者把握企业经营状况,找到问题所在。

(一)有关分析指标

先来认识若干分析指标。

❶ **收入项目和销售指标**

餐饮机构的收入项目主要分成两大类:一类是主营项目,包括经过烹调加工的品种销售所实现的营业收入;另一类是副营项目,包括酒水销售、场地出租等。

在收入项目中,一般以分类核算为主,如分为厨房、海鲜、点心、烧卤、酒水、茶芥、小吃及其他项目;也可按经营时间分,如早茶市、午饭市、下午茶、晚饭市、夜宵等;如果企业规模大,也有按楼层分类核算的,如分为一楼餐厅、二楼餐厅等。

餐饮营业收入的构成,一般分为现金收入、信用卡收入、支票收入、签单收入等项目。

销售指标是衡量一个餐饮企业经营状况的基本指标。它包括以下几种。

(1)平均每人消费额,其公式是:

$$平均每人消费额 = 营业收入总额 \div 就餐总人数 \tag{9-1}$$

这是衡量该餐厅消费对象的消费能力的指标。注意其中计算标准是"人"而不是每餐位。

(2)平均每餐位消费额,其公式是:

$$平均每餐位消费额 = 营业收入总额 \div 核定餐位数 \tag{9-2}$$

这是衡量每个餐位经营能力的指标。其中核定餐位数不包含周转率。

(3)某市别餐位周转率,其公式是:

$$某市别餐位周转率 = 某市别就餐总人数 \div 核定餐位数 \times 100\% \tag{9-3}$$

❷ **支出项目和分析指标**

餐饮企业的支出可分为两大部分,一部分是原料成本支出,另一部分是经营费用支出。

(1)综合毛利率,其公式是:

$$综合毛利率 = (营业收入总额 - 原料损耗总额) \div 营业收入总额 \times 100\% \tag{9-4}$$

综合毛利率是对整个餐饮企业的范围而言,因此,在计算时,营业收入总额和原料损耗总额都是指整个餐饮企业的。

(2)部门综合毛利率,其公式是:

$$部门综合毛利率 = (部门营业收入总额 - 部门原料损耗总额) \div 部门营业收入总额 \times 100\% \tag{9-5}$$

部门是指各个功能部门,如厨房、点心部、海鲜池、烧卤部等,与上述综合毛利率的计算一样,要注意原料成本范围和营业收入范围的限定。

(3)原料成本率,其公式是:

$$原料成本率 = 原料损耗总额 \div 营业收入总额 \times 100\% \tag{9-6}$$

Note

如果是计算整个企业的原料成本率,其中原料损耗总额和营业收入总额就是对整个企业而言的;如果是计算某个部门的原料成本率,上述两个项目也相应地是这个部门的原料损耗总额和营业收入总额。

(4)费用率,其公式是:

$$费用率＝经营费用总额÷营业收入总额×100\%$$ (9-7)

费用率的计算与原料成本率的计算道理一样。

(5)可变费用和固定费用:这是从费用率中分解出来的两个项目。可变费用就是与营业收入呈正相关的费用支出,营业收入越高,可变费用的支出相应就越高;营业收入低于保本线,可变费用可减少至最低限度,但不能不发生。固定费用就是与经营收入没有直接联系的费用支出,无论营业收入发生什么变化,这部分固定的支出总是必定要发生的。

值得注意的是,经常提到的毛利率,实际上就是毛利润率,而不是纯利润率。因为它当中还包含着可变费用率、固定费用率和税率,将这三项减除,剩下的部分才是企业利润率。尽管在财务会计上没有毛利率这个概念,但在实际使用中,行内人士还是习惯使用毛利率,它是一个很重要的核算指标。

(二)日常分析

日常分析就是对餐饮企业运作的经常性分析,它主要表现为对营业日报表的分析。

一般的营业日报表如表9-1所示。营业日报表可分为三大类:营业构成、分类构成和收入构成。营业构成就是指整体餐厅的营业收入构成是怎样的,其中包括各餐厅营业收入状况、就餐人数(表中没有列出)等。分析这些数字可以得出平均每餐位消费额、周转率以及各个餐厅每天的销售动态。分类构成就是指各出品部门在每天营业收入构成所占的比重,这实际就是分类营业收入,也是分部核算指标的重要数据,通常,分类营业收入都会反映出某市的经营规律。收入构成就是指在营业收入中所有收入的构成状况,如现金、信用卡、支票、外部签单和内部签单等,这反映了资金周转方面的问题。

表 9-1 营业日报表示例(局部)

××大酒店餐饮部日营业收入报表

20 年 月 日

项 目		早茶市	午饭市	下午茶	晚饭市	夜宵	备 注
一楼餐厅	厨房						
	海鲜						
	点心						
	烧卤						
	小吃						
	酒水						
	其他						
小计							

续表

项　目		早茶市	午饭市	下午茶	晚饭市	夜宵	备　注
二楼 餐厅	厨房						
	海鲜						
	点心						
	烧卤						
	小吃						
	酒水						
	其他						
小计							
共计							
全天合计							
收入构成		现金：　　　　　支票： 信用卡：　　　外部签单：　　　内部签单：					
制表人				填写时间			

如果您是一位部门主管，那么对于您来说，最关心的也许是您所在部门每天的分类营业收入是怎样的，因为它涉及你所在部门的综合毛利率的高低问题。

每天营业收入报表是由财务部负责统计并打印出来的，并在指定的时间送到有阅读权限的管理者手中。

（三）单据稽查

餐饮企业运作，必须要建立完善的监督和稽查机制。这意味着，每一个部门的操作程序中每一个环节都要有记录在案，对每个品种、酒水、纸巾、烟的销售都要有明确的记录。同时，财务部对所有记录的单据进行稽查，以保证不发生漏洞和差错。

通常在财务部都设有稽查一职，其主要职责是对餐饮部门所发生的单据进行核对查实，以起到监督的作用，能够及时发现问题。

对单据的稽查主要是分为出品稽查、海鲜稽查和酒水稽查三类。

❶ 出品稽查

出品稽查就是将各个出品部门的出品记录的数量和总额与收款处所收到的分类营业收入核对。

出品部门的记录一般都是以在备餐间划单上菜为准，因为这是确定出品部门最后实际出品的记录数。分类营业收入是在收款处对各个部门出品的收款记录的汇总。这两个数应该是平衡的，如有差错，就要追究：是出品没有登记？是已经出品但没有收款？还是在销售过程中发生的增加、减少、取消等环节的差错？

❷ 海鲜稽查

海鲜稽查就是将海鲜单的销售数量与收款处的收款数量核对。由于海鲜是很多粤菜餐厅销售的主要构成，进货价格浮动大，而且容易损耗成本，其综合毛利率比较低，所以，很多餐饮企业对海鲜稽查都非常重视。

在进行海鲜稽查时要注意，当天销售数量与海鲜池登记的卖出数量是否相同？一些高档的海鲜品种（如龙虾）的营业收入与海鲜池的卖出数量是否一致？

❸ 酒水稽查

酒水稽查就是将餐厅服务员开出的酒水单上的总量和总额与酒水部每班的报表进行核对。例如,酒水单上销售的罐装可乐是 20 罐,那么,在酒水日报表上所记载的罐装可乐的销售数量也应该是 20 罐。一般而言,酒水单计算出来的总额与收款处所收到的酒水总额是相等的。如果不相等,那就证明,要么是收款有问题,要么是酒水部出了漏洞。

二、VCP 分析技术

在这之前,我们所说到的成本概念是全部成本概念,这在我们已经讨论过的原料成本核算、分部核算、价格计算中是非常有用的。诚然,如果要对餐饮企业做全面而有深度的分析,仅是利用全部成本概念是不够的。这里,引入一种变动成本概念,即 VCP 分析技术。实际上,这种分析技术已经广泛应用在其他行业里。

VCP 就是价值(value)、成本(cost)、利润(profit)的简称。价值一般是指营业收入,是一个以货币表达的单位,有时也指销售量,是一个以数量表达的单位;成本就是指企业所有的经营支出,包括我们已经讨论过的原料成本和经营费用;利润就是指企业经营的利润目标。由于 VCP 分析建立在变动成本法的基础上,所以,有必要先讨论变动成本与全部成本的区别。

(一)变动成本与全部成本

变动成本就是将与营业收入有直接关系的支出看成是变动的成本,与营业收入有间接关系的看成是固定成本,并以此来分析企业活动的过程。

变动成本与全部成本的比较如表 9-2 所示。

从表 9-2 可看出,变动成本与全部成本实际上是划分成本范围的标准不同而已。不过,在经营费用的支出中,有部分费用支出是值得注意的。比如,水电费用的支出,当一个餐厅要开门经营时,就要亮灯,而不管这时餐厅有多少位顾客就餐,所以,照明用电(一般是 220 V)应该是划分到固定成本里去。反而动力用电(一般 380 V)就是一种变动成本,因为如果没有顾客点菜,就不用开炉炒菜;顾客点菜越多,炒炉用电就相对越多。

表 9-2　变动成本与全部成本的比较

支 出 项 目	变动成本概念	全部成本概念
原料成本		原料成本
水电	变动成本	可变费用
燃料	变动成本	可变费用
一次性摊销	变动成本	可变费用
广告费用	变动成本	可变费用
洗涤	变动成本	可变费用
租金	固定成本	固定费用
工资	固定成本	固定费用
折旧	固定成本	固定费用
维修费用	固定成本	固定费用
福利	固定成本	固定费用
管理费用	固定成本	固定费用

事实上,要严格划分变动成本与固定成本是有点难度的。问题是,对于一个餐饮企业来说,必须

要划分变动成本与固定成本,才能进行 VCP 分析。因此,一般都是以支出项目来划分的,这样操作起来比较方便。

（二）边际贡献及其计算公式

在变动成本法中,有一个很重要也很有用处的概念,这就是边际贡献。

边际贡献是指营业收入减去变动成本以后的差额,即是在营业收入中扣除自身变动成本后给企业所做的贡献,它首先用于收回企业的固定成本,如果还有剩余则成为利润,如果不足以收回固定成本则发生亏损。

单位边际贡献就是指一个销售单位(通常是指每个餐位或一个品种)所产生的单位边际贡献额。

为了进一步理解边际贡献这个概念,我们来看下面的例子。

严厨管理实践:经营分析数据

"餐桌的记忆海鲜酒家"有关数据:

核定餐位数共有 480 个;

每月平均(按 30 天计)餐位周转率是 100%;

平均每天每位的保本消费额是 44.3 元;

该机构的每月固定成本是 360000 元;

目标利润是 12 万元;

变动成本率是 43.57%。

按上述条件,可整理得出如表 9-3 所示的数据。

表 9-3　边际贡献比较

项目	14401 人就餐	增加 1 人就餐
营业收入	638000 元	44.3 元
减:变动成本	278000 元	19.3 元
边际贡献	360000 元	25 元
减:固定成本	360000 元	——
利润	0	25 元

如果这个月有 14401 名顾客来就餐,按每位消费 44.3 元计,其营业收入是 638000 元(44.3×14401 元,按四舍五入计),按变动成本率 43.57%计,变动成本额是 278000 元,把营业收入减去变动成本就是边际贡献了(638000－278000 元＝360000 元),再把边际贡献减去固定成本就是利润,显然,这里利润为零。也就是说,如果每个月内有 14401 名顾客来消费,平均消费达 44.3 元,这个餐饮企业就可以达到保本状态。然后,在此基础上,每增加 1 位顾客来就餐,所增加的营业收入中,减去变动成本部分,剩下的就是利润了。

至此,我们可以梳理出如下概念和计算公式:

$$变动成本＝营业收入－固定成本－利润 \qquad (9\text{-}8)$$

$$变动成本率＝变动成本÷营业收入×100\% \qquad (9\text{-}9)$$

$$固定成本＝营业收入－变动成本－利润 \qquad (9\text{-}10)$$

$$固定成本率＝固定成本÷营业收入×100\% \qquad (9\text{-}11)$$

$$边际贡献＝营业收入－变动成本 \qquad (9\text{-}12)$$

$$边际贡献率＝边际贡献÷营业收入×100\% \qquad (9\text{-}13)$$

$$1＝变动成本率＋边际贡献率 \tag{9-14}$$
$$保本营业收入＝固定成本÷边际贡献率 \tag{9-15}$$
$$目标营业收入＝(固定成本＋目标利润)÷边际贡献率 \tag{9-16}$$

(三)VCP 分析的应用

在企业经营分析中,我们完全可以利用上述概念和公式来对企业进行进一步的分析。

❶ 保本分析

保本点,又叫损益分界点、盈亏平衡点。这是 VCP 分析最常见的应用。

保本点是经营管理的一个很重要的指标。它不仅可以揭示一个企业赢利和亏损的界限,而且它的位置的高低及其变化趋向,还可以揭示企业的经营状况、经营能力、经营水平,预示着企业经营状况的发展趋向。

例如:广州严厨的每月固定成本是 360000 元,边际贡献率是 56.43％,求广州严厨的保本经营收入。

解:按式(9-15),代入:
$$广州严厨的保本经营收入＝360000÷56.43％元＝640000 元$$
答:广州严厨的保本营业收入是 640000 元。

❷ 目标利润分析

在经营分析中,经常会碰到这种情况,在一些已知的条件下,究竟要多少营业收入才能实现既定的目标利润呢?

在广州严厨的例子中,目标利润是 120000 元,那么,根据式(9-16)得:
$$目标营业收入＝(360000＋120000)÷56.43％元＝850000 元$$
怎样才能实现这 850000 元的营业收入呢?经营者可有这样的选择,一是增加就餐人数:
$$850000÷44.3 人次＝19187 人次$$
即按平均每餐位消费 44.3 元来算,每个月要有 19187 人次来就餐,才能完成 120000 元的目标利润。这比保本营业收入的 14401 人要增加 4786 人次。经营者就要考虑,要增加 4786 人次,平均每天要增加 160 人次左右,是否能够实现?如果难以实现,就要考虑采用另外的方法了。

二是增加每餐位消费额。原来的每餐位消费额是 44.3 元,如果要实现目标利润,那么:
$$850000÷480÷30 元＝59 元$$
问题是,每餐位消费额从 44.3 元提高到 59 元,这当中相差 14.7 元,是否可行呢?管理者要考虑的是这 14.7 元在四个市中怎样分配?如果觉得分配不下,可考虑第三种方法。

三是既增加人数又增加每餐位消费额。

如果管理者认为,每餐位消费额从原来的 44.3 元提高到 52 元是可行的,那么,就餐人次就是:
$$就餐人次＝850000÷52 人次＝16346 人次$$
这样,保本就餐人次是 14401 人次,实现目标利润的就餐人次是 16346 人次,这当中只增加了 1945 人次。如果管理者认为,平均每天增加 65 人次是可行的,那么,这个 52 元的平均每餐位消费额就是可行的了。

反过来,如果管理者认为,每天增加 65 人次是难以达到的目标,平均每天只增加 50 人次才是可行的,那么,每月就餐人数应是:
$$每月就餐人数＝50×30＋14401 人次＝15901 人次$$
按照每月 15901 人次来就餐的话,那么,平均每餐位的消费应提高。
$$平均每餐位消费额＝850000÷15901 元＝53.46 元$$
这 53.46 元与 52 元只相差 1.46 元,在四市中分配应该是没有多大的问题。这样,广州严厨就找到了一个平衡点:每月有 15901 人次来就餐,平均每餐位消费是 53.46 元,既可以实现目标利润,又是可操作的,广州严厨也是可接受的。

❸ 固定成本与营业收入的变化

有时候,固定成本会发生变化。当固定成本发生变化时,如果要保持原来的目标利润,那么要增加多少营业收入才能保证实现原定的目标利润呢? 这也是管理者经常遇到的问题。

如果要增加固定成本,其计算公式如下:

目标营业收入=(原固定成本+新增固定成本+目标利润)÷边际贡献率 (9-17)

假定广州严厨要新增加 2000 元的固定成本,用作新设备的折旧,那么,要保证实现 120000 元的目标利润,其目标营业收入为:

目标营业收入=(360000+2000+120000)÷56.43%元=854156 元

即比原来 850000 元增加了 4156 元,按此,应该是问题不大,因为这 4156 元在四市经营中很容易平均消化掉。

❹ 变动成本与营业收入的变化

变动成本的变化主要是指进货价格变动,或者新品种占比例变化、水电费用的单价变化、其他变动项目的单价变动等,从而引起整体或单位变动成本的变化。

例如,在广州严厨案例中,每位的保本消费额是 44.3 元,变动成本率是 43.57%,如果变动成本率因为各种原因提高了 3.43%,达到了 47%,那么,对该酒家的保本营业收入有什么影响?

如果按照 47%的变动成本率,那么,该酒家的边际贡献率就是 53%,这样,根据式(9-15),可计算出该酒家新的保本营业收入:

保本营业收入=360000÷53%元=679245 元≈680000 元

比原来 640000 元多了 40000 元。可见变动成本的变化对保本营业收入影响是非常大的。在这个基础上,要实现 120000 元的目标利润,其目标营业收入就是:

目标营业收入=(360000+120000)÷53%元=905660 元≈910000 元

比原来 850000 元多了 60000 元。从这个角度看,足以看出成本控制的重要性了。

❺ 成本结构比较

研究成本结构是有趣的。不同的成本结构对不同条件的经营风险,其优点是不同的。

假定,有 A、B 两餐饮机构,都是 1000000 元的营业收入,但 A、B 的成本结构不同,如表 9-4 所示。

表 9-4 成本结构比较(一)

项 目	A 餐饮企业		B 餐饮企业	
	收支	占百分比	收支	占百分比
营业收入	1000000	—	1000000	—
减:变动成本	500000	50%	600000	60%
边际贡献	500000	50%	400000	40%
减:固定成本	380000	38%	280000	28%
利润	120000	12%	120000	12%

从中可见,A 成本结构是固定成本占比较大,B 成本结构是固定成本占比较小。这两个成本结构哪一个更合理呢?

如果营业收入都增长了 100000 元,那么,A、B 两个成本结构都在不同的变化,如表 9-5 所示。

表 9-5　成本结构比较(二)

项　　目	A 餐饮企业		B 餐饮企业	
	收支	占百分比	收支	占百分比
营业收入	1100000	—	1100000	—
减:变动成本	550000	50%	660000	60%
边际贡献	550000	50%	440000	40%
减:固定成本	380000	34.5%	280000	25.5%
利润	170000	15.5%	160000	14.5%

从表中可看出,如果是营业收入增长,固定成本占比较大的成本结构会有着明显的优势,而固定成本占比较小的成本结构,其利润增长就不如前者了。

诚然,如果反过来,营业收入呈下降趋势,固定成本占比较大的就会吃亏了,而固定成本占比较小的就显出其优势了,如表 9-6 所示。

表 9-6　成本结构比较(三)

项　　目	A 餐饮企业		B 餐饮企业	
	收支	占百分比	收支	占百分比
营业收入	900000	—	900000	—
减:变动成本	450000	50%	540000	60%
边际贡献	450000	50%	360000	40%
减:固定成本	380000	42.2%	280000	31.1%
利润	70000	7.8%	80000	8.9%

事实上,一个餐饮企业是不可能经常改变固定成本的比重的,问题是,通过这种比较我们可以看出,固定成本的占比对一个餐饮企业的保本点以及其经营趋势有着重要的影响。作为餐饮企业管理者,应该尽可能使固定成本的占比趋向于合理。

三、ME 分析技术

ME 分析技术,又称菜单工程,是英文 menu engineering 的缩写。它是指通过对餐厅品种的畅销程度和毛利额高低的分析,确定出哪些品种畅销且毛利额又高,哪些品种既不畅销毛利额又低,哪些品种虽然畅销,但毛利额很低,而哪些品种虽不畅销,但毛利额较高。这种分析方法称为菜单工程,或 ME 分析法。

为做好 ME 分析法,首先应了解品种的构成。任何一间餐厅的品种,不外乎图 9-1 中的四种情况。

很明显,第一类的品种是餐厅是最希望销售的,因为这类品种既受顾客欢迎,又能给餐饮企业带来较高的利润。所以,在更新菜单时,这类品种应绝对保留。第四类品种既不畅销,又不能带来较高的利润,在更新菜单时,应去掉这些品种。

值得说明的是,在进行 ME 分析时,不应将餐厅提供的所有品种或饮料放在一起进行分析、比较,而是按类或按菜单分别进行。只有在同一类中进行比较分析,才能看出上下高低,分析才有意义。

(一)ME 分析过程

以某餐厅菜单的特别介绍为例,进行 ME 分析,如表 9-7 所示。在表中:

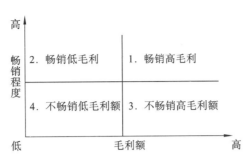

图 9-1　ME 分析中的品种分类

$$顾客欢迎指数＝某类品种销售百分比÷各品种销售百分比 \qquad (9\text{-}18)$$
$$各品种销售百分比＝100\%÷被分析项目品种数×100\% \qquad (9\text{-}19)$$

在此例中,各品种销售百分比是 30%。

在表 9-7 中,鲍汁竹荪鹅肝卷的销售百分比为 10%,特别介绍共有 10 个品种,该品种的顾客欢迎指数的计算如下:

$$顾客欢迎指数＝10\%÷(100\%÷10)＝1$$

表 9-7　ME 品种分析示例

品　　种	销售份数	销售百分比	顾客欢迎指数	价格	销售额	销售额百分比	销售额指数	评　论
鲍汁竹荪鹅肝卷	30	10%	1	28	840	12%	1.2	畅销高毛利额
三耳蜜豆炒肚仁	40	13%	1.3	23	920	13%	1.3	畅销高毛利额
粟米汤大芥菜螺片	20	6%	0.6	26	520	7%	0.7	不畅销低毛利额
酥皮金汤海鲜豆腐	50	16%	1.6	22	1100	15%	1.5	畅销高毛利额
烧汁百花煎酿灵菇	30	10%	1	26	780	11%	1.1	畅销低毛利额
士多啤梨芦笋肉柳	20	6%	0.6	18	360	5%	0.5	不畅销低毛利额
泰式芥菜炒烧肉	40	13%	1.3	18	720	10%	1	畅销高毛利额
蚝皇螺肉白菜卷	25	8%	0.8	23	575	8%	0.8	不畅销低毛利额
XO 酱四角豆爆生肠	35	10%	1	18	630	9%	0.9	畅销低毛利额
红烧汁肉丸海参煲	25	8%	0.8	28	700	10%	1	不畅销高毛利额
总计/平均值	315	30%	1	—	7145	30%	—	—

不管分析的品种项目有多少,任何一类品种的平均顾客欢迎指数为 1,超过 1 的顾客欢迎指数说明是顾客喜欢的菜,超过得越多,越受欢迎。因而用顾客欢迎指数去衡量品种的受欢迎程度比用品种销售百分比更加明显。品种销售百分比只能比较同类菜的受欢迎程度,但是与其他类的品种比较时或当分析项目品种数发生变化时就难以比较。而顾客欢迎指数却不受其影响。

仅分析品种的顾客欢迎指数还不够,还要进行品种的赢利分析。将价格高、销售额指数大的品种分析为高利润品种。销售额指数的计算法如同顾客欢迎指数。顾客欢迎指数高的品种为畅销品种。这样,可以将分析的品种分为四类,并对各类品种分别制定不同的促销策略,如表 9-8 所示。

表 9-8　品种分析表(一)

编　　号	销售特点	品　　种	促销手法
1	畅销高毛利额	鲍汁竹荪鹅肝卷	保留
2	畅销高毛利额	三耳蜜豆炒肚仁	保留

续表

编 号	销售特点	品 种	促 销 手 法
3	不畅销低毛利额	粟米汤大芥菜螺片	取消
4	畅销高毛利额	酥皮金汤海鲜豆腐	重点促销品种
5	畅销低毛利额	烧汁百花煎酿灵菇	作诱饵或取消
6	不畅销低毛利额	士多啤梨芦笋肉柳	取消
7	畅销高毛利额	泰式芥菜炒烧肉	保留
8	不畅销低毛利额	蚝皇螺肉白菜卷	取消
9	畅销低毛利额	XO酱四角豆爆生肠	作诱饵或取消
10	不畅销高毛利额	红烧汁肉丸海参煲	吸引愿意支付高价客人或取消

畅销高毛利额的品种既受顾客欢迎又有较高的毛利额,是餐厅的赢利品种,在更新菜单时应该保留。

畅销低毛利额的品种一般可用于薄利多销的低档餐厅,如果价格不是太低而又较受顾客欢迎,可以保留,使之起到吸引顾客到餐厅就餐的诱饵作用。顾客进了餐厅还会点别的品种,所以这样的畅销菜有时甚至赔一点也值得。但有时赢利很低而又较畅销的品种,也可能转移顾客的注意力,挤掉那些赢利能力强的品种的生意。如果这些品种明显地影响赢利高的品种的销售,就应果断地取消这些品种。

不畅销但高毛利额的品种可用来迎合一些愿意支付高价的客人。高价品种的绝对毛利额大,如果不是太不畅销的话可以保留。但如果销售量太小,会使菜单失去吸引力,甚至会影响厨房的综合毛利率,所以连续在较长时间内销售量一直很小的品种应该取消。

不畅销低毛利额的品种一般应取消。但有的品种如果顾客欢迎指数和销售额指数都不算太低,接近0.8左右,又在营养平衡、原料平衡和价格平衡上有需要的仍可保留。

(二)对ME分析的修正

将ME分析应用于餐饮企业的菜单分析,仍有许多不足之处。餐饮企业关心的是利润,而不是品种售价。上例中评价品种利润高低的假设前提条件是价格越高,毛利额也越高,这通常是正确的,但价格高并不真正意味着利润就高。

畅销程度分界线的划分标准应重新确定。上例中假设的畅销与不畅销的分界线是顾客欢迎指数为1,而餐厅中肯定会有很多品种的顾客欢迎指数是0.8或0.9甚至以上,接近于1,这些品种不能说不畅销,如果其毛利额或销售额再低一些,也是接近高与低的分界点,使用上述方法则很容易把这部分品种取消。

因而,在进行ME分析时,可做一些改进。

(1)考虑每个品种的原料成本和毛利额。

(2)根据国外一些餐厅的做法,可以将畅销程度即顾客欢迎指数分界点定为0.7。这样,就可能出现不同的结果。

下面仍以上面例子里的品种来进行ME分析,如表9-9所示。

表9-9 品种分析表(二)

编号	销售份数	销售百分比	顾客欢迎指数	售价	标准成本	毛利额	评 价
1	30	10%	1	28	11	17	

续表

编号	销售份数	销售百分比	顾客欢迎指数	售价	标准成本	毛利额	评　价
2	40	13%	1.3	23	9	14	
3	20	6%	0.6	26	14	12	
4	50	16%	1.6	22	6	16	
5	30	10%	1	26	15	11	
6	20	6%	0.6	18	13	5	
7	40	13%	1.3	18	6	14	
8	25	8%	0.8	23	12	11	
9	35	10%	1	18	8	10	
10	25	8%	0.8	28	9	19	

注意,在计算平均价格、平均成本和平均毛利额时切不可用简单算术平均法,因为每个品种的销售量不一样,所以应用加权平均法。

$$平均价格 = \left(\sum 每品种销售份数 \times 品种售价\right) \div \left(\sum 品种销售份数\right) \quad (9-20)$$

$$平均成本 = \left(\sum 每品种销售份数 \times 品种标准成本\right) \div \left(\sum 品种销售份数\right) \quad (9-21)$$

$$平均毛利额 = \left(\sum 每品种销售份数 \times 品种毛利额\right) \div \left(\sum 品种销售份数\right) \quad (9-22)$$

上例中:

平均价格 = (30×28+40×23+20×26+50×22+30×26+20×18+40×18+25×23+35×18+25×28)÷(30+40+20+50+30+20+40+25+35+25)元=22.68 元

平均成本 = (30×11+40×9+20×14+50×6+30×15+20×13+40×6+25×12+35×8+25×9)÷(30+40+20+50+30+20+40+25+35+25)元=9.60 元

平均毛利额 = (30×17+40×14+20×12+50×16+30×11+20×5+40×14+25×11+35×10+25×19)÷(30+40+20+50+30+20+40+25+35+25)元=13.33 元

当这类品种的毛利额超过 13.33 元时为高毛利,低于 13.33 元时为低毛利,这类品种的顾客欢迎指数超过 0.7 时为畅销品种,低于 0.7 时为不畅销品种。

四、两头夹中间模式

采购和仓库的成本控制无疑是个重点。但是,也不能忽视在产销过程中的成本控制问题。所谓产销过程就是指原料的烹调和销售的过程。此中同样存在着成本控制问题。

(一)原料成本的控制"误区"

在原料成本流向中,采购、验收、仓库属于采购仓库部门管理。原料成本在这三大环节中一般都能用数字来表达其发生和损耗,如果再加上丰富的经验和严谨的制度控制,原料的正常损耗和非正常损耗是可控的。问题在于,原料成本随着领料进入出品部门之后,由于受到自身特点和烹调方式的影响,原料成本就比较难控制了。换言之,在将原料"转换"为成品的烹调过程中,原料成本最容易失控,也受到各种客观因素的制约而形成一个控制的"误区"。

❶ 食品原料有着鲜明的时间性

原料质量受到生长地域的气候、环境等条件的影响,随着季节变迁而变化。例如,8~10月的田鸡每500 g的起货成率高达320 g,其他时期每500 g的田鸡起货成率只有260 g左右,季节的变迁容易引起原料成率的变动。另外,食品原料70%以上都是鲜活原料,容易受温度、湿度、光线等因素的影响而变质或产生自然损耗。这些鲜活原料的储存时间一般不是很长,若储存时间过长,就会影响到原料质量,实际上也就增加了原料的单位成本。因此,在烹调过程中,不同季节的原料、使用或储存时间的长短都会引起其成本变动,从客观上增加了控制的难度。

❷ **原料成本容易受到人为因素的影响**

中国烹调经由几千年的淘汰和发展,始终未能脱离手工操作这种生产方式。对于烹调来说,手工操作或许正是使其充满活力、富于创造的缘故,但就控制而言,它却是最容易有漏洞的工艺流程。因为它是以经验为主,其操作受到技术、环境、情绪的影响。例如,两位技术有差异的厨师在原料成本质量相同的情况下起生鱼球,结果当然是技术好的厨师起出的成率高,其成本属正常损耗;技术差的厨师起出的成率低,则原料成本增高,属非正常损耗。同样,环境的优劣、情绪的好坏都会影响到原料成本的增减。这说明,在手工操作方式中,原料成本的正常损耗这一点是相当脆弱的,一旦受到某种因素的影响,原料成本就会突破它的临界线,而变为非正常损耗了。

❸ **品种烹调具有不可逆一次性**

品种烹调的实质就是对原料的加工加热过程,即由粗加工→精加工→配菜→烹调→成型等程序构成的正向流动。正因为是不可逆的,所以,每一步烹调程序的制作和完成都是一次性的;从控制角度而言,也正因为如此,在每一步烹调的制作程序中,原料成本的正常损耗和非正常损耗的临界点变得相当微妙。如果某个烹调程序处理不当,不但影响到出品质量,实际上也增加了原料成本非正常损耗的概率。

❹ **烹调过程的影响**

品种烹调的过程较短,种类繁多,数量零星,在制作中,或一料多用,或多料合用。因此,不可能在烹调过程中对每一样原料的使用量逐一做详细的记录。也就是说,原料进入出品部门之后,在具体的烹调程序中,难以用数据反映出其成本的增减程度。例如,厨房领入 5 kg 去筋牛肉使用,这 5 kg 去筋牛肉经过切片、腌制、配菜、烹调等程序后,究竟有没有损耗呢? 在损耗中,哪些是正常的? 哪些是不正常的? 这些损耗与标准成本的差异有多大? 由于不可能在烹调中用数据反馈出来,再加上前述三个因素的影响,所以,对于控制来说,就缺乏了最基本的条件之一,即有效的信息反馈,从而形成了原料成本控制的"误区"。

这样,虽然在采购、验收和仓库等环节上能够有效地控制原料成本,但原料进入出品部门之后,由于上述因素的制约,使原料成本难以实行有效的控制,甚至会白白浪费前几个环节的努力,"误区"就成为原料成本控制中的脆弱点。

虽然近年来厨房设备不断在改善,但其烹调的程序和方式却基本没有变化,因而这个"误区"是一种客观存在,是每个管理者必须要面对而又必须要解决的问题。

(二)解决问题的基点

既然"误区"是一种客观存在,而传统控制方式又有不可避免的弱点,因此,解决问题的基点是,如何使原料成本在烹调过程中实现有效的数据反馈?

❶ **实行整体控制而不是部分控制**

由于原料和烹调方式的制约,不可能在烹调过程中的每个程序里对原料成本的实际损耗及时记录。当然可设想增加人力物力来做到这一点,然而,在烹调的程序和方法没有根本改变、人的素质没有明显提高的情况下,这种想法不仅是不现实的,而且容易犯"花 10 元钱的控制成本去控制 1 元钱的原料成本"的大忌,从而违反最基本的经济原则。所以,尽管每个半成品和成品都有标准成本说明其正常损耗的范围,但原料一旦进入出品部门后,实际的差异和损耗就不得而知了。

这恰好说明,如果过分注重每种原料在每步烹调程序里的损耗记录,在中式的烹调方式和其他条件的制约下,只能走进死胡同。这就是说,控制的重点不应该侧重在部分而应该侧重在整体,即将原料的烹调过程和销售过程作为一个整体来加以控制。

❷ "两头夹中间"模式

以上述为基点,去研究烹调过程,可得"两头夹中间"模式(图9-2)。

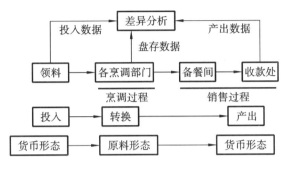

图 9-2 "两头夹中间"模式

烹调过程都可以用这样一个经济模式描述:投入→转换→产出。销售过程亦不例外。每一次领入烹调部门的原料(包括直拨原料、调拨原料和储存原料)就是对烹调过程的"投入",将这些原料加工烹制为成品就是"转换"环节,成品送到餐厅销售并实现一定的营业收入,就相当于"产出"。

虽然在"转换"过程中难以反馈出原料成本的实际损耗,但在"投入"和"产出"这两点上,原料成本却是以数据为表现形式的。因为进入烹调部门的原料一般是用货币单位表示其质量和价值,原料经过烹调后,作为成品又转变为用货币单位表示的营业收入。这种营业收入实质上是"投入"原料价值的增值(即加上毛利额的总和)。这样,在"投入"的价值与"产出"的价值之间,原料成本通过货币单位不仅能实现有效的数据反馈,而且有可比性。根据这两点信息的传递和反馈,可分析出在烹调过程中实际损耗的原料成本与标准成本的差异,比较出正常和非正常的损耗幅度,从而为有效控制提供准确的依据。

简而言之,将品种的烹调过程和销售过程视为一个整体,可根据其始点(投入)与终点(产出)的数据变化来控制烹调过程中的原料成本的非正常损耗。这种控制方法由于利用投入与产出的差异来控制转换过程的变化,较好地解决了信息反馈不灵的弊病。因此,将它称为"两头夹中间"模式,如图9-2所示。诚然,这只是解决问题的理论基点。

❸ "两头夹中间"模式的实现条件

实际上,许多餐饮机构都自觉与不自觉地实行"两头夹中间"控制,但问题是,有些形同虚设,有些作用不大。考察这些现象,主要原因就是实行这种控制模式的基本条件不具备。换言之,要实现"两头夹中间"模式,必须具备两个方面的条件。

一是以分部核算为基础。传统的控制方法是以整个企业为核算单位,这样容易造成员工的成本意识淡薄,以为控制成本只是管理者或财务会计的专职,对自己来说,是一种义务而不是一种责任;也容易造成互相扯皮现象。因此,实行分部核算实际上就是解决成本责任的归属,这是实行"两头夹中间"控制的组织基础。

二是健全内部信息体系。"两头夹中间"控制是根据投入和产出的数据反馈来产生效果的,所以,信息的收集也就集中如下四点:①"原料请购单",是由各出品部门负责原料管理的人填写,这是出品部门使用原料的计划,同时也是采购部进行采购的主要依据;②"验收领用单"或"领料单",一般由验收人员或仓管员填写,此中签收一栏则由领料人签名,它表明了原料进入出品部门的实际数量和金额,是烹调过程每一天的投入量;③"部门盘存表",由各出品部门负责原料管理的人填写,它说明了烹调部门在一定时期内原料在烹调过程的滞留,也是计算烹调部门原料实际损耗的依据之一;④"每日营业报表",是由收款员填写,它反映了各个出品部门的产出值。

（三）差异分析模式应用

实行"两头夹中间"模式，就需要用到差异分析模式（图9-3）。

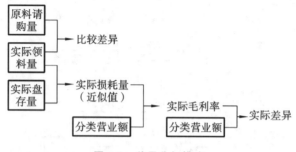

图9-3　差异分析模式

所谓差异分析，就是根据每天的投入量、实际损耗量和产出量的信息反馈，分析出一个百分率，再与控制标准比较，从中找出差异，发现问题。这个百分率一般用毛利率表示，也可以用成本率表示。因为毛利率与成本率成反比关系。在大多数的餐饮企业中，用毛利率表示为多。

❶ **实际差异和实际损耗量**

比较差异是通过原料请购量与实际领料量比较出来的，这是控制投入量的重要步骤。原料请购是出品部门对每天使用原料的预测，是进行采购的主要依据。从理论上说，原料请购量与实际领料量应该是一致的，但实际往往发生差异：可能是出品部门对原料请购考虑不周详，或是多领料，或是少领料，或者在采购和验收程序中出现差错等。因此，利用这个差异就可以发现投入量的存在问题，及时采取纠正措施。

原料请购量和实际领料量的差异，可用总金额反映，这可在原料的种类或数量上反映出来。前者着重从整体进行比较，容易找出采购和验收这两个环节存在的问题。事实上，通过这个比较差异，对采购、验收起到间接的控制作用；后者侧重在个别的差异上，反映出用料部门存在的问题。

通过实际领料量与实际盘存量的比较，可得出一定时期的原料成本实际损耗量。这里必须注意，假如用一定时期的领料量（投入）和分类营业收入（产出）来计算出的毛利率是不实际的，必定掺有"水分"。因为领用的原料进入出品部门后，有些原料在当天就被正常损耗掉，有些原料变为半成品或制品储存起来，但这种投入是"预备投入"，在构成这段时期分类营业收入的原料成本里，有当期领用的原料，也可能有上一期领用的原料或半成品，故领料量不能说明这段时期产出量中原料成本的实际损耗。要想得到这个数据，最现实的办法是实行盘存，盘存量与领料量的差值，就是当期的原料成本的实际损耗量，当然，包括正常的和非正常的损耗。

❷ **关于出品部门的盘存**

在传统的管理意识中，烹调部门被认为是技术功能中心而不是成本责任中心，因而要盘存烹调部门里的原料成本，总是被误会为一种麻烦事，甚至顺理成章被认为是多此一举。其主观原因就是成本控制责任没有彻底解决，客观原因就是储存条件未能实现规范化。

据此，XH大酒店厨房对原料储存实行"仓管化"，其具体做法如下。

（1）对部门内的储存空间进行大致划分，根据使用原料的加工量和安全量来规定各大类原料（如料头、主料、配料等）的储存空间。

（2）对各类原料的存放容器和份量实行规范化。如以一个塑料容器装满计，牛肉是12 kg，鸡肉是11 kg，以此类推。这样，从客观上创造条件将盘存工作量减少到最低限度，以目测方式代替实物盘存。

（3）采用ABC分析方法，重点控制A类原料。在厨房使用的全部原料中，选择那些使用频率高、对构成原料成本具有举足轻重作用的A类原料（如高级干货、高档海鲜）实行设卡盘存，用仓库管理进货出货的方式进行管理。只要能把握这部分原料的使用和盘存，就能控制着厨房原料成本总额中

80%以上的变动。

(4)至于其他原料(如姜、葱、生粉等),可根据实际需要测定一个安全量,每期则以这个安全量作为盘存的基准,便可以大致测定实际损耗的范围,即采用账面盘存。

要得到原料实际损耗的信息反馈,除了上述盘存方法外,还有备餐间的出品登记方法。出品部门的所有品种,都要经过备餐间送往餐厅销售,因此,出品登记就是记录每天(或每市)所有品种销售的数量和种类,根据这些数量和种类及价格规定的毛利率,便可得出当天(或当市)的烹调成本,将它累加起来便是某一期的原料成本。

将盘存和出品登记这两种办法相比较,在不同条件下各有优劣。如果用计算机辅助管理的话,那么,后者胜于前者。当服务员将顾客点菜的品种送到收款处输入计算机时,实际也就确定了出品的数量和种类,每天营业(或每市)结束后,计算机就会根据输入的信息计算出有关销售量、标准原料成本等结果,在标准原料成本基础上加上允许浮动的百分比,就是当天(或当市)的原料成本实际损耗量。显而易见,这比手工操作进行盘存要简单方便。如果没有计算机的话,那么,前者优于后者,前者可以避免因为要进行出品统计而带来大量的归类分档的手工统计工作。

❸ **实际毛利率和实际差异**

有了原料成本的实际损耗额,再根据分类营业收入计算,便可以得出实际毛利率。其计算公式是:

$$实际毛利率=(分类营业收入-实际损耗额)÷分类营业收入×100\% \tag{9-23}$$

用实际毛利率减去标准毛利率,其结果就是实际差异。

比较出实际差异,这是差异分析的最终结果,对于控制食品烹调过程原料成本的非正常损耗有着重要意义。然而,差异分析毕竟是一种定量分析技术,它追求的是近似值而不是精确值。因此,为了说明它的合理性和使用价值,还必须将差异分析的结果与财务决算的结果进行比较,与财务决算结果越相近,就证明差异分析越准确。大多数餐饮企业的实践证明,只要条件具备,责任到位,重视分析,其差异分析结果与财务决算结果的近似值可达到90%以上,充分说明了差异分析的使用价值。

❹ **差异分析应用**

要进行差异分析,首要问题主要是确定分析周期。现在,大多数的餐饮企业都把这个分析周期确定为10天。这是因为,如果以每天为分析周期,计算出来的毛利率是不太准确的,而且大大地增加了统计的工作量,这对于还是手工操作为主的企业来说,显然是不合算的;如果以一个月为周期,那么,所做的统计工作与财务决算的工作重复,毫无意义;也可以15天为分析周期,但不及10天有回旋余地。以10天为一个分析周期,每个月有3个10天,即3个周期,这样,作为管理者对成本控制就能做到胸有成竹。

如果第一个周期的毛利率达到了预定的要求,在第二个周期里,管理者就可以优哉游哉;如果第二个周期实际毛利率超出了标准毛利率的4个百分点,那么,在第三个周期里,管理者完全可用这四点毛利率办许多事情。相反,如果第一个周期没有完成指标,有第二个周期给管理者回旋和补偿;如果第二个周期也完成不了指标,也有第三个周期作补救;如果第三个周期里还是完成不了指标,除去客观方面的不可控因素之外,很可能就是管理者控制不力或不当的问题了。

确定了分析周期,盘存的周期及其他核算周期也就相应确定了。反映在报表上就是:每日分析报表(包括采购的、验收的、入库的、领料的、营业的)→10天周期分析报表→月决算报表。在这种核算要求下,财务部应该兼容管理会计的职能,应确立为部门管理服务的意识,做好这种报表分析工作。也有些餐饮机构是由营业部来负责的,在大型酒店里,这种分析工作一般是由财务部属下的成本控制中心负责。

在分析周期里,实际毛利率高于标准毛利率为正差异,反之为负差异。

对于以散餐为主的餐厅来说,在经营情况相对稳定的条件下,连续出现正差异的原因多半是增加了宴会的销售。因为宴会的销售毛利率较之散餐的销售毛利率要高。所以,在同等的原料总额或同样的原料种类下,宴会创造的营业收入比散餐经营的营业收入要高出几个甚至更多的百分点。在分析周期内,连续出现差异固然很好,但也容易掩盖其他问题。在这种情况下,要特别注意领料量与原料请购量的差异是否正常,每期盘存的近似值有多大(一般在85%以上有效),烹调部门的存货是否正常等,否则会出现失控现象。

在分析周期内出现负差异的原因,除去经营方面的不可控因素外,主要是原料投入和实际损耗问题。领料是个经常出现差异的环节,特别是领料单与实际原料不相符时,主要的成本责任就在领料人本身。在烹调过程中,原料非正常损耗的原因主要表现为技术和管理两个方面。技术方面的原因有:加工技术不当,使实际起货成率达不到测定起货成率的要求;水平参差不齐,烹调失误;没有妥善储存好原料而致使原料质量下降或变质;下料处理不当等。管理方面的原因有:原料计划不周详;员工偷吃现象较严重;储存空间不卫生;管理人员督导不力等。负差异应有个允许机动的范围,一般是1%~2%的毛利率。发现负差异时,只要逐一查对各种原料的投入量、盘存量或出品登记,便可发现非正常损耗的原因所在,从而采取相应的控制措施。

就整体而言,"两头夹中间"在控制模式较之传统控制的经验方法,其优点是相当明显的。它以分部门核算为组织基础,在原料成本流向的关键点(领料、盘存、收款)上实行有效的数据反馈,通过每天定时定向的报表传递,进行差异分析,并以此作为控制的依据,使原料成本核算周期从一个月缩短到10天,较好地解决了食品烹调过程中原料成本的控制难题。实施这个控制模式,能增强各出品部门管理者和员工的成本控制意识,使出品部门管理人员对原料成本的控制能力做到心中有数和反馈控制。同时,对采购和仓库的成本控制也起到间接的"反控制作用"。

五、ABC 分析技术

在储存控制技术部分中,我们曾讨论过一个有趣的鸡蛋故事。像鸡蛋这样常用的原料在仓库储存中有很多,管理者不可能对仓库所有储存的原料都进行细致的管理。因为,无论管理者自觉与不自觉,都在实践着一个最简单的经济原则:以最少的努力取得最大的成果。这个原则如何在仓库管理中实现呢? 最佳的选择就是使用 ABC 分析了。

（一）ABC 分析的意义

ABC 分析的基本原理如下:一般是少数的事物(10%~20%)左右着90%的结果,而大部分的事物只左右着10%以下的结果(图9-4)。因此,将大部分管理力量倾注在左右着90%结果的少数事物上,就能够用较少的努力,取得较大的成果。

这一原理就是"用最小的努力取得最大的成果"经济原则的实现。简言之,所谓 A 类就是一分努力带来七分成果,所谓 B 类就是一分努力仅带来一分成果,所谓 C 类就是七分努力才换回一分的成果。

ABC 分析在工业的经营管理中取得了很大的成果,尤其是在市场开拓、销售、人力资源、成本控制等方面,它是一种有效、实用的管理手段。问题是,如何将这种方法与餐饮企业的实际情况结合起来,使它为仓库储存管理服务。

（二）原料的分类和管理

按 ABC 分析进行仓库储存管理,当中的关键是要先搞清楚,在仓库储存的原料中,哪些是重点。这就涉及原料的分类。合理分类是 ABC 分析成功的关键。

原料分类最简单的方法就是以整个仓库来选择储存原料管理的重点,如果是这样的话,贵重仓库当然就是 A 类管制了,其他仓库则归入 B 类或 C 类。

如果想进一步实行 ABC 分析,最好分开仓库进行原料分类。这里要注意几个问题:其一,对储存原料可按 ABC 方法分类,也可按照习惯的原料分类进行;其二,每个仓库的原料分类都可能不一

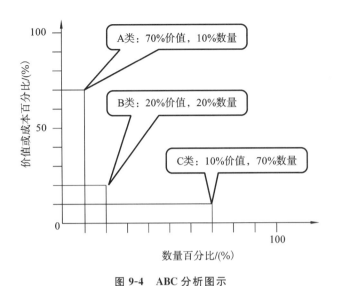

图 9-4　ABC 分析图示

样,分类可能有三种,可能有两种,也可能有七八种,这些都要视实际情况而定;其三,假定储存原料中,无论哪一种原料,其储存单位的计量都以斤、箱、支、瓶、罐、包为准,并且这些单位的工作、入库出仓手续和程序都是一样的,即 1 斤＝1 箱＝1 支＝1 瓶＝1 罐＝1 包,储存的管理量都是一样,否则就没有可比性。最后,原料分类要确定分类基数,这个基数的确定并不完全像上述 ABC 分析法的分类那样,因为餐饮企业运作对原料的需求多数表现为种类多而数量不一,这是 ABC 分析在餐饮企业管理应用中的一个变异,但原则不变。

一般来说,高档干货一般属于重点管理对象,因为这些原料储存量少,不到总量的 1%,但价值却占 30%以上。中档干货属于 B 类管理对象,约占总量的 7%,其价值却占总值的差不多 50%。按第二种分类,将所有干货加起来,还不到总量的 10%,但成本却高达 80%。调味料一般属于 C 类管理对象,使用量大,但占比重少。

因此,对 A 类原料应实行重点管理,尽量减少这类原料的库存量,以最低库存量为准,设立永续盘存卡,循环盘存,严格管理入库出仓,保证储存质量。对 C 类原料应简化入库和出仓手续,以最高库存量为准,采用定期采购办法,尽量减少储存工作和采购成本。而对 B 类原料的管理则介于 A 类与 C 类之间。

（三）ABC 分析法的效果和注意问题

对储存原料实行 ABC 分析管理,可产生这样的效果:将储存原料按价值和数量高低排列管制,有助于制订采购计划,减少储存成本和管理成本;利用重点管理办法,分类检查,贵重原料的存货以最低库存量为主,低值原料则以最高库存量为主,可减少仓库储存的工作量;对 B 类和 C 类原料根据销售情况,调整合理的库存量,实际上提高了整理单据的效率以节省人力;简化 C 类原料的手续,可最大限度地减少仓库的工作量。

不过,实行 ABC 分析时,要注意以下几个问题。

首先,原料分类取决于储存的结构,而储存结构又取决于品种结构。所以,分类应以品种结构及其近期销售趋势为准。在保证正常供应的原则下,将储存成本控制在合理的范围。原料分类应由成本总监和仓库主管共同决定并监督实施。

其次,如果管理者只是想单纯地重点管理和简化手续,采用两分法即可;如果是多品种结构且小批量制作,则应增加划分种类以便于管理。

再次,B 类原料虽介于 A 类和 C 类之间,但不能忽视。若供应来源稳定可靠,应减少存货量,若采购有困难或不稳定,应注意采购时间与合理存量的配合。因此,运用 ABC 分析,不能盲目照搬,要有需求急缓之分,才能提高效果。

然后,由于 ABC 分析并非单纯价值和数量的管理,故在操作技巧和应用程序上,应力求整体配合和协调。换言之,如果采购部门或烹调部门不予协助,仓库就会很被动。

最后,实际上,ABC 分析的应用远不止仓库储存管理,根据其原理和方法,还可以运用到人力资源管理、经营分析、质量控制、餐厅管理等方面。

六、订货时间和订货数量的计算

(一)订货点法

订货点法的基本思想是,当库存的物品消耗到一定库存数量时,必须立即发出订货单,以保证在剩余的物品用完之前,又有新的物品补充。这时的库存数量称为订货点。订货点必须正确合理,既不会造成物品积压,又不致引起供应脱节。

储存物品的周转过程如图 9-5 所示。

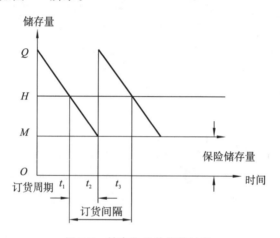

图 9-5 储存物品的周转过程

时间轴从原点 O 开始,库存物品量在原点 O 时为 Q。随着餐厅业务的持续进行,库存物品量不断消耗,由 Q 降至 H。这时仓库必须开始进行采购,因为采购物品需要时间,不可能立即得到补充。在等待采购的物品到来的这一段时间 $t_1 \rightarrow t_2$ 内,餐厅的生意仍然在照常进行,所以库存物品量又由 H 降至 M。这时新采购的物品运到,库存物品量又重新恢复到 Q。这样就完成了一个循环。从 t_1 到 t_2 这段时间是发出订货单到收到订货的时间,称为订货周期。为了避免发生意外而影响餐厅的正常经营,仓库必须保留一部分物品储存。这部分物品的数量 m 称为保险储存量。从这次采购到下次采购所完成一次循环($t_1 \rightarrow t_3$)称为订货间隔。由图 9-5 可知,仓库发出订货单的库存量即订货点应该是 H。H 的计算公式为:

$$H = t \times d + m \qquad (9-24)$$

式中:H = 订货点(箱、件等);

t = 订货周期(日、月等);

d = 平均需求量(箱/日、件/月等);

m = 保险储存量(箱、件等)。

在使用式(9-24)确定订货点时,须注意订货周期与平均需求量的单位要统一。

例:某餐厅每月销售小瓶可乐 6000 瓶,订货周期为 10 天,保险储存量为 1000 瓶,求订货点。

解: $H = t \times d + m = 10 \times (6000 \div 30) + 1000$ 瓶 = 3000 瓶

当库存小瓶可乐量消耗到 3000 瓶时,应该发出订单,重新采购。

如果市场小瓶可乐供应状况有好转,订货周期只需 5 天,则订货点为:

$$H＝5×(6000÷30)＋1000 \text{ 瓶}＝2000 \text{ 瓶}$$

由订货点的计算可知:订货周期缩短将减少原料的储存量;需求量的增加则将使储存量增加。

保险储存量的大小可根据供应商的供货表现来决定。一般采用供应商可用误期供货所需的最长时间乘以这段时间的平均需求量。上例中小瓶可乐供应商最长的误期记录为 5 天,每日平均需求量 200 瓶。所以,$m＝5×200$ 瓶$＝1000$ 瓶。

订货点法简单易行,但是没有考虑到储存费用和采购费用。这个方法比较适用于需求量较大而周转较快的原料。

（二）经济订购批量法

企业对某些餐饮物品的全年需求量为一个常数,考虑到企业的库存物品量及储存保管费用,一般不会一次将某项物品全部采购回来,而必须分批、分次采购。那么,怎样采购才能使采购费用、储存费用等处于最低状态? 这就是经济订购批量法要解决的问题。

其计算公式如下:

$$全年最低总费用 ＝ \sum (2×某物品每件年储存费 × 每次采购费 × 某物品预计年销量)$$

(9-25)

总之,使用经济订购批量法,光靠套用公式是不够的,这需要管理人员在实际工作中领会其基本意思,灵活掌握使用。

→ 思考题

1.餐饮经营收入与支出项目有哪些?

2.单据稽查有哪些内容?

3.变动成本与全部成本有什么区别?

4.边际贡献及其计算公式是怎样的?

5.举例说明 VCP 分析的应用。

6.简述 ME 分析过程。

7.根据 ME 分析中的例子列出经修改后的品种分析。

8.比较 ME 分析,说明酒店在对菜品进行取舍决策时还应该考虑哪些因素?

9.“两头夹中间”模式是怎样的?

10.差异分析模式是怎样的?

11.ABC 分析的意义是什么?

12.举例说明 ABC 分析的应用。

生意：永远是"生"

一、价格促销

价格促销是餐饮经营常用的手法，了解价格促销手法是非常必要的。

（一）尾数策略

利用价格的尾数来进行餐饮产品促销，是常见的手法之一，也是每个餐饮企业管理者必然会遇到和必须要解决的问题。

❶ 尾数："心理价格"

所谓尾数，多是指以元或 10 元为单位的尾数。现时的餐饮经营，以角或以分为尾数的品种是很少见的。

在人们的饮食消费中，普遍存在着这样一种心理效应：对价格尾数的反应特别敏感，容易产生"错觉"作用。比如，对 18 元的酱爆鸭舌头，顾客会感到价格是 10 多元，而对 21 元的椒盐鸡腰子感到是 20 多元。这两种价格给顾客一种差别很大的感觉，似乎是高于 21 元和低于 18 元之间的差别。

这实际上是一种价格的错觉作用，由这种错觉作用而产生的价格感觉，可借用经济学上的一个名词来描述，叫做心理价格。前面所说到的实际售价可以是心理价格，但两者并不完全相等。如实际售价是 21 元，将它调整到 23 元，这 23 元就是 21 元的心理价格。

心理价格最奇妙的作用是使品种价格的尾数能产生错觉，如何创造和利用这种价格错觉，便是尾数促销策略的主要内容。

❷ 价格的认同和似同

从顾客对品种价格的判断角度来看，对价格第一位数字的反应是最重要的，因为第一位数字往往代表着品种的等级和档次，在同一个档次的价格范围内，就容易产生价格认同效应。

例如，21 元或 29 元是同一个价格范围，顾客对这两种价格就会产生心理上的认同感，而对于 40 多元的品种，就不会产生这种认同感，因为这显然是属于另外一种档次的价格范围。顾客对价格第二位数字的反应就会产生似同效应。例如，13 元与 18 元，在顾客的心目中，就是同一个价格范围，或是同一个档次的价格。

这样，假定用计价公式计算出来的理论售价是 25.78 元，那么，写在菜单上的售价可以是 26 元、28 元或 29 元，即是利用尾数来使售价产生认同效应和似同效应。同样，在确定实际售价时，根据似同效应，使数目尽量不要达到整数，如 50 元、70 元或 100 元，45 元、65 元或 95 元虽然分别只相差 5 元，但顾客对此感觉相差很大，没有达到大整数，即产生了似同感。

❸ 习俗的心理效应

顾客对心理价格的认同效应和似同效应还十分显著地表现在一些习俗的心理效应上。例如，对 2、3、8、9 等数字的谐音，寓意吉祥幸福，象征发财幸运。由这些数字组成的影子价格，更容易引起价格认同和似同的心理效应，如 18 元谐音"肯定发财"，23 元寓意"容易做生意"，168 元谐音"一路发"等。这并不是迷信这些数字肯定能带来幸运，而是顺应某些顾客对价格反应的心理需求。

换句话说，利用习俗上对心理价格的认同效应和似同效应来满足顾客的心理需求。所以，如果品种售价是 14 元，不妨把它调整到 18 元；如果品种售价是 26 元，也不妨把它调整到 28 元，以此类推。

诚然,如果将所有品种售价都调整成这样的数字,就会显得太俗气。实际上,并不是所有顾客对这些数字的反应都能产生习俗上的心理效应。因此,只能是部分进行这样的处理。

❹ 等级定价策略

利用价格的认同效应和似同效应,可对品种进行分等定价。因为顾客不大会感觉到价格的细微差别,他们对各个品种的价格反应总是具有一定的档次感觉和范围感觉,在同一个价格档次和范围中,品种之间的价格差异就会产生认同效应或似同效应。

比如,10～30 元之间是一个价格范围,属于一般品种,占品种结构的比重较多;40～90 元之间是一个价格范围,属于中档品种;100 元以上是一个价格范围,属于高档品种,占品种结构的比重较少。顾客在选择品种时,自然就会根据这样的价格档次和范围去确定自己的消费水平,并简化他们的选购过程。当然,每个餐饮企业的实际情况不同,因而对品种档次和范围的划分也是不一样的。

(二)特价策略

所谓特价菜,就是在所有品种中选择某些品种以特别价格出售,以达到招徕顾客的目的。这里所说的特别价格,是指以原料成本总额作售价的价格,当销售特价菜时,企业不计入任何毛利,所以也叫保本菜。现时有些特价菜不是按成本价计算的,是出奇的"特",如烧鹅 1 元一只等。

❶ 价廉物美和以点带面

显然,特价菜的促销作用之一是满足了顾客价廉物美的消费心理。假定某品种的正常售价是 33 元,特价是 18 元,那么,对于顾客来说,这 15 元差价的诱惑力是,只要付出 18 元的价格,就可以吃到 33 元的品种,何乐而不为呢? 这就是特价菜能够招徕顾客的主要原因,实际上是需求规律支配的结果。

特价菜还有一个很重要的促销作用就是"以点带面"。在所有品种中,特价菜就是一个点,在特价菜的号召下,顾客来到餐厅进餐,不太可能只吃一个特价菜。因此,通过特价菜促销,还可带动其他品种的销售。这两个作用合起来就叫做特价效应。

❷ 特价菜策略

要产生特价效应,就要注意几个策略性问题。第一,在品种上要有诱惑力。如果品种对顾客没有很大的诱惑力,那么就算作为特价销售也产生不了明显的特价效应。因此,选择品种作为特价销售的一般原则是,本餐厅的招牌菜或流行的品种,中高档以上的品种或海鲜。比如,特价菜应选择蚝皇乳鸽而不应选择炒油菜,应选择石斑鱼而不应选择草鱼等,只有这样才能使品种具有诱惑力。

第二,在价格上要有吸引力。既然是特价菜,就要在价格上体现出"特别价格"的味道。一般的经验是,特价要比正常价格下降 30%～50% 的幅度,才能产生特价效应。如红烧乳猪的正常价格是 70 元,特价是 40 元;蚝皇乳鸽的正常价格是 28 元,特价是 16 元等。

第三,以每天一个特价菜进行促销。每天只有一个特价菜,才能产生"以点带面"的特价效应;相反,如果一天里有多个特价菜,就会顾此失彼,反而忽略了其他品种的销售。另外,特价菜促销应有连贯性,最佳效果是把每天的特价菜编成一个"星期特价"菜谱,使顾客能根据自己的喜爱去选择消费。

第四,应保证特价菜的供应。进行特价菜促销,一定要保证供应,否则就会失信于顾客,有损企业形象。千万不要像个别餐厅那样,顾客兴冲冲地指名要吃今天的特价菜,但是,"今天的特价菜已经卖完了",或者,"今天特价的虾已经没有了,不是特价的虾还有",这样做除了会抵消特价菜的促销作用外,还会产生不可估计的负面影响。

第五,不大力宣传特价菜,就等于没有特价菜。进行特价菜促销,必须要花大力气进行宣传,如果顾客不知道有特价菜,就难以产生特价效应。特价菜的宣传,可采用 POP 广告形式,在餐厅门口、在过渡空间、在餐厅里,制作适当的 POP,使顾客从踏入餐厅开始,便受到这种气氛的影响。

（三）折扣策略

在餐饮企业经营中，折扣促销是常见的手法，它几乎成了每个餐饮企业进行价格促销的"例牌菜"。因此，餐饮企业管理者必须重视折扣促销策略的运用。

❶ 折扣的促销作用和方式

折扣是指对顾客消费额实行降低、减少部分价格或收款，或加赠品种的价格促销手段，它的促销作用表现在争取和鼓励顾客多购买本企业的餐饮产品、稳定既有客源市场、提高市场占有率。大多数的餐饮企业经营都采用折扣促销策略，如开业折扣、淡季折扣和周年折扣等。实际上，折扣促销策略也是为了迎合顾客廉价的心理，但现在有些折扣手法，很大程度上是为了体面问题。

餐饮经营的折扣方式，大致有以下几种：消费总额折扣、菜金折扣、茶价折扣、服务费折扣、赠送饮品或水果等。

消费总额折扣是指顾客（包括团体消费）购买餐饮产品时的消费总额，大多数的折扣方式是采取总额折扣，这种折扣容易计算，顾客也感到实惠。菜金折扣就是在消费总额中，将菜金部分实行折扣，其余部分不计折扣，这种折扣多数是掌握在营业员手中，而且采用"暗盘"方式。茶价折扣是指免茶，有时也包括小菜部分，在早茶市的经营中，这是经常采用的招徕术之一。服务费折扣就是免收服务费，在不同的营业时间，这是一种有效的促销手法。赠送饮品或水果也是一种折扣，当顾客消费额达到某种程度，便可获赠饮品或水果，这也是搞好顾客关系非常有效的一招。

餐饮企业经营的折扣幅度，一般控制在九折、八折或七折左右，即10％、20％、30％。如果折扣太多，会使顾客怀疑折扣的真实性，其折扣促销也难以有吸引力。对于经营者来说，如果折扣价格等于品种原料成本，倒不如采用特价菜策略。因此，要控制折扣的幅度，不然的话，就会产生不必要的负面作用。

谁有权实行折扣优惠？这需要有明确的规定，即解决在什么时间什么人有权给予多少折扣的问题。在一些餐厅的早茶市里，领班有权免茶，以便让领班与顾客搞好关系；但在正餐里，只有主管才有权免茶或免服务费，至于总额或菜金的折扣，一般掌握在经理的手上，除非是整个餐厅经营实行折扣促销。在另外一些餐厅里，只有经理才有权给予折扣，而且折扣的幅度不是很大。

❷ 折扣策略

应根据企业的实际经营情况而采取不同的折扣促销策略。

大凡开业，多实行折扣优惠，以便在短时间内能起到招徕顾客的作用，这已成为餐厅开业的"例牌菜"。开业的折扣幅度一般是消费总额的八折到九折，也有的是菜金的八折或九折，折扣的时间一般是半个月或一个月，有些餐厅则是两个月。值得注意的是，开业折扣不宜太多，一旦恢复正常经营时，恐怕会失去许多客源。此外，折扣时间也不应太长，时间太长的话，会使折扣促销本身失去吸引力。

折扣促销的另一种策略就是优惠卡。优惠卡也叫VIP卡，分为八折卡（金卡）、九折卡（银卡），持卡者到餐厅用餐，可凭卡获得相应的折扣优惠。实行优惠卡策略，其宗旨是通过优惠卡来稳定既有的客源市场，以及拓展更多的客源市场。因此，实行优惠卡促销，就要注意优惠卡的发放对象，特别要注意团体消费层次的客源和极有可能成为新目标市场的客源。诚然，在高档次的餐饮经营中，优惠卡已发展成为一种身份和地位的象征，许多人以拥有一张某高档的、有口碑、形象好的餐厅优惠卡而自豪。

赠送饮品或水果，也是有效的折扣促销策略之一。凡消费额达到一定程度，就赠送一杯饮品或一个水果盘；赠送饮品或水果盘多是对总消费额而言。赠送饮品或水果盘会给顾客造成价格上优惠的感觉，但经营者又不能视毛利率或利润率降低而不顾，所以，选择饮品和水果这样一些低成本却能产生高附加值的品种实行随品种消费附带赠送，不仅给顾客造成价格上的折扣优惠感觉，而且对利润目标影响不大，还能产生良好的促销作用。如果有厂商赞助饮品或水果，则效果更好。

在折扣促销方面,还有淡季折扣、周年折扣、现金折扣等策略,管理者应根据实际情况运用不同的折扣策略,以取得最佳的促销效果。

(四)调价策略

促使餐饮企业调价的基本原因不外乎是原料涨价,通货膨胀率或物价指数提高,需求旺盛。如果这三个因素发生变动,那么几乎所有餐饮企业管理者都会面对这样一个问题:需要调价才能确保利润目标的实现,但问题的另一面是,价格之于顾客是个敏感的消费因素。因此,问题就变成这样:怎样调价才是合理的?

❶ 关于调价

调价不同于定价。定价是品种推出时顾客所接受的那个价格,而调价是在顾客已经接受的价格基础上,再来提高或降低;也就是说,定价是形成供求均衡的基点,调价则是要打破旧的均衡,使其重新形成新的均衡。这就涉及顾客的价格承受力问题,调价弄得不好,很容易失去既有的市场占有率,起到负面的促销作用。故任何餐饮企业管理者没有理由不重视调价策略的运用。

❷ 何时可以调价

要做到合理调价,首要问题是要解决"何时可以调价?"从经验角度来说,在下列情况下可以实行调价:餐厅装修之后、原料价格明显地持续上涨、通货膨胀率或物价指数有了既成事实的上升、节日期间、饮食需求持续旺盛、推出新品种的时候。聪明的管理者都会利用这些时候来调整价格,从而调整企业的市场结构。

餐厅装修是进行价格调整的好机会,就如开业要实行折扣一样,装修之后的调价是顺理成章的。原料成本上涨,只要不超过定价的保险系数,就不应调价,如超过保险系数,就要进行适当的调整。通货膨胀率或物价指数上升,价格也随着上涨是必然的事实,但两者绝不是同步的,价格上升幅度肯定要低于物价上升幅度。节日期间(如各种节假日里的"假日经济"消费现象),饮食消费需求的结构有较大的变动,需求强劲,也是调价的好机会。需求持续旺盛,价格的大变化只对需求产生较小的影响,是调整价格的时机。另外,当决策者想提高经营档次时,也可利用调价策略来调整目标市场结构。这只是就经验而言,如果想更科学地把握调价的机会,就要运用到弹性原理和方法去测定了。

❸ 调价策略

解决了调价时机,接着就要解决"怎样调价?"问题,也即是调价策略。

大凡调价,应以微调为主,循序渐进地进行调价。任何餐饮企业的价格形象应该是稳定的,因为顾客对价格变动的反应是特别灵敏的,在这种条件下,价格的调整,就应采用微调为主,"轻轻地调一调"或是在不知不觉中循序渐进地调价。

微调就是说调价的幅度不应太大,一般不超过30%,即在原价的基础上最好控制在平均30%的升幅之内,如果提价幅度过大,容易引起顾客的逆反心理。循序渐进就是说调价应分开步骤来进行,不要一下子全部都做调价处理,这样也是难以让顾客接受的,容易超过顾客心理承受的极限。

不同档次中顾客对价格反应的灵敏程度也不同,因此要采取不同的调价手法来以变应变。在中低档次的餐饮企业经营中,消费观念以薄利多销和价廉物美为主,顾客对价格的反应特别灵敏,做调价时,就要特别谨慎。在中高档次的餐饮企业经营中,消费观念以物有所值为主,虽然价格的影响作用不是那么明显,但也要谨慎地处理调价问题。

餐厅装修后的提价以10%～30%为幅度,最好是推出一些新品种,减少顾客将以前的价格与现在的价格进行比较的机会,以抵消调价的影响。节日期间因饮食消费需求结构有所改变,提价幅度可大些,如广州出口商品交易会期间,有些宾馆餐厅的升幅高达40%甚至更高。一般地说,价格调低,顾客容易接受,但太低也会产生某种副作用,即这个品种的受欢迎程度便随着降低。

行业上常用到一种提价手法就是降低原料成本,但售价保持不变,这实际上是变相提价。降低原料成本的手法有很多,如改变原料构成,原来用100 g主料的,改用80 g;在同类原料中,改用价值较低的原料来代替;改变配料构成,使其成本比原来要低,等等。在这种情况下,售价保持不变,毛利率就提高了,实际上是价格提高了。从某种意义上说,降低原料成本是好的,但有一点千万不要忘记,顾客的眼睛是雪亮的,当顾客感到大量品种"缩水"而产生口碑效应时,所产生的负面作用是不可估量的。因此,使用这种方法调价要适可而止。

二、品种促销

菜单的促销主体是品种,品种有如商品一样,存在着一个生命周期,即是品种的市场寿命。如同人经过出生、生长、成熟与衰老一样,品种在市场竞争中也有一个成长曲线。

（一）品种的生命周期

品种的生命周期是指它从投入市场到被市场淘汰的全过程。在市场经济规律的支配下,品种的生命周期一般表现为四个阶段:推出期、成长期、成熟期和衰退期。推出期就是指新品种投入市场的开始阶段,顾客开始认识新品种;成长期是指新品种迅速被顾客所接受,并成为一种饮食潮流,企业赢利增长;成熟期是指品种已经占领市场,销售增长速度减慢,赢利保持相对稳定,或开始下降;衰退期是指品种的销售量下降,顾客对该品种的兴趣已失,企业无法继续赢利。

（二）品种生命周期的特点

这里所给出的是品种生命周期的典型形式。实际上,人们对品种的需求和品尝不同于其他商品,它既是生理上的需求,更重要的是心理上的美食需求,对品种的品尝不是单独进行的,而必须配以相应的服务和环境。因此,品种的生命周期具有自己的特点,表现在如下三个方面。

❶ 周而复始

有些品种的兴衰是周而复始的,随着季节的推移和气候的变更在市场中完成其生命周期的整个过程。这种周而复始的现象可称为多周期型,即在一定的时期内,受到季节、气候等原因的影响而周期性出现由兴到衰的过程。

时令菜便是这种类型的典型,因为时令菜的原料必然受到季节、气候的影响。古人训"时不正不吃"就是这个意思。如在粤菜里,一年四季吃的蔬菜就有明显的季节性,春季吃通菜、夏季吃芥菜、秋季吃菜心、冬季吃生菜,围绕着这些原料而衍生的品种群,便随着季节变化而形成多周期性的循环。

❷ 时间不定性

有些品种在某一段时间内,会成为饮食潮流的宠儿,迅速完成其推出、成长和成熟的过程,接着便走向衰退,过了一段时间(几年或更长)它又成为一种新的饮食潮流,完成一个生命周期过程。这可称为非连续循环型,即在时间上没有必然的连续关系,而是根据市场需求去产生和完成其生命周期的过程。俗语云"古老当时兴"就是这个意思。

一些历史上知名度很高的,或生命力特强的品种就是属于这种类型。其中,满汉全席最具代表性。满汉全席是清朝极负盛名的宴会,1983年,广州市举行改革开放后的第一次美食展览,以108款菜式轰动广州同行人士,成为当时烹调水平的最高象征。过了几年之后,满汉全席又被演绎为满汉精选,再度得宠于20世纪90年代初的广州餐饮业,成为餐饮企业经营水平的标志之一。

❸ 长久性

对于某些品种来说,它在几十年或更长的时间内都是历久不衰的,它沉淀在地方饮食习惯中和成为一种饮食嗜好,或者是一种饮食文化的象征,因而它不受季节、气候和饮食潮流的左右。其生命周期的过程表现为循环→再循环,即在一个相当长的时间内,它才能完成一个生命周期的过程,而且紧接着便是另一个生命周期的开始。

粤菜里的白切鸡和炒油菜就是属于这一类型的品种。广东人对白切鸡情有独钟,不仅一年四季吃,是每个餐厅必备的经营品种,而且吃了几十年还觉得有滋有味,成为宴会中的"当家花旦"。这些年,白切鸡的地位虽然受到乳鸽的挑战,但始终屹立不动。每个地方都有几个这样的品种,如山东的德州扒鸡、四川的麻婆豆腐等。

品种生命周期的特点说明,除了少数几个长久型的品种之外,其他大多数品种的生命周期不可能是固定不变的,这种变化是不以管理者的意志为转移的,是一种正常的市场发展过程。因此,要适应这种变化,管理者就必须根据品种生命周期的特点,不断变换和推出新品种,以创造良好的促销效果。

(三)效用递减规律分析

效用递减规律是经济学上一个著名的理论观点。这里所说的效用是指人的欲望的满足程度,是人的一种心理感受,而不是商品本身存在的使用价值。19世纪德国经济学家戈森提出了两条关于欲望的规律:第一,欲望强度递减规律,即在一定时期内,一个人对某物品的欲望强度随该物品的增加而减少;第二,享受递减规律,即随着欲望的满足,人所得到的享受是递减的。这就是著名的戈森定律。从顾客(某一个或某一群体)对品种的满足程度去看,在饮食消费中,同样也受到效用递减规律的影响。

比如,一个人在饥饿的时候,他有三碗饭吃。当他吃第一碗饭时,他的欲望强度是最大的,这第一碗饭给他的满足程度也最大,即效用最大;当他吃第二碗饭时,由于有了第一碗饭的满足,他的欲望强度就减小,所以,第二碗饭对他来说,其效用便开始减小,即第二碗饭的效用对他来说比第一碗饭的效用要小了;有了前面两碗饭的满足,他可能已经吃饱了,当他要吃第三碗饭时,他处在可吃可不吃的状态中,其欲望强度降到最低程度甚至为零,因此,这第三碗饭对他的效用是最小的,可能还是负效用。

广东人喜欢吃白切鸡,这是一种很显著的饮食风尚,但并不是说广东人每餐非要吃白切鸡不可。如果某人一年365天每餐都吃白切鸡,那么,他对白切鸡的欲望强度和享受就肯定会随着对白切鸡的满足程度的增加而递减到零,甚至对白切鸡产生逆反心理,产生强烈的负效用。虽然我们很难去具体测定人对品种的满足达到什么程度就会开始产生递减效应(因为人对品种的满足程度会因人、因时、因地而异),但是,可以肯定地说,人对品种的满足程度受到效用递减规律的影响。

(四)品种促销的核心在于变化

综合上述,可得如下启示。

品种在市场的生命周期受到效用递减规律的影响。餐饮企业经营的大量事实已经证明了这个道理,品种在市场中的生命过程,也正是受到效用递减规律影响的结果。当品种推向市场时,开始产生效用;当品种走向成熟期时,其效用最大,顾客对品种的满足程度也最大;然后品种的效用便开始递减,直到品种的衰退期为止,效用为零,假定在这个时候还推出该品种的话,其效用就呈负增长。

因此,品种促销的核心在于品种的变化。除了少部分属于长久性的品种之外,大部分品种在市场竞争中的生命周期是相当明显的,也就是说,效用递减规律的影响作用是决定性的。如果要保持"常吃常新"的形象,要稳定既有的客源和市场占有率,那么,明智的选择就是:使品种结构和每个品种能随着市场需求而保持适度的变化,尽量缩短品种的生命周期,以减少效用递减规律的影响,这就是进行菜单品种促销的基本问题。现在,行业推崇菜单要"三月一小变,一年一大变",就是一个例证。

(五)品种变化道理

现代营销学的基本立足点在为"我的顾客"满足需求和创造需求,以求获得最佳的目标利润。将这一点具体化,就是两个方面的内容:用现代营销学的观点去重新演绎烹调技术,用现代经营管理的方法去重新演绎烹调技术。

按照市场需求去确定品种的质量标准,再按照品种标准去组合烹调原料、刀工、调味和火候四个因素之间的关系,这也是目前行业上厨师所奉行的座右铭,即"顾客所需要的,就是我们所要做的"的真正含义。在这个意义上,我们对传统技术的传承和创新才有现实价值。比如,红烧乳鸽是粤菜传统品种,但老是红烧乳鸽,就容易产生效用递减的结果,因而现在对传统红烧乳鸽的烹调已演绎出许多品种,如吊烧乳鸽、蚝皇乳鸽、琵琶乳鸽、金华玉树鸽等。从历史发展角度看,也正是这种"有传统无正宗"的演绎,烹调技术才得以丰富和发展。

烹调技术归根结底表现为出品质量,而出品质量问题归根结底就是管理问题。围绕着出品质量的控制,可展开很多因果明显的质量链,如设备条件对出品质量的制约,工艺流程对空间布局的限定,人员配置和素质对出品质量的影响,分配方案在某种程度上左右着烹调技术的发挥等。因此,就必须根据设备、布局等客观条件的制约来确定烹调的规模,根据烹调规模的大小和人员的技术水平的高低来确定品种结构,并根据自己的烹调特长去演绎新品种:更换替代,推陈出新。只有这样,才能保证出品质量及风味能达到预期的效果,才能形成经营的品种特色,才能使品种变化成为一种竞争的手段。

❶ 原料之变

原料是烹调的对象,是烹调四大因素之一。以原料而变化品种,实际上已成为一条众所周知的道理。

这个道理的基本表现之一就是有新的原料出现。大凡新的原料出现,一定就会有新的品种出现。近年来随着种植技术的发展,大量引进国外种养蔬菜和肉类,大大拓展了原料范围。

基本表现之二就是不同的原料组合就可演绎出不同的品种变化。品种差异决定于原料,不同的主料可组成不同的品种,如家畜、家禽、海河鲜等肉类原料。就算同一种主料与不同的配料组合,在不同的调味方式和烹制方式下,也可构成不同的品种。这种"一对多,多对一,多对多"的原料搭配,正是品种原料变化的常用手法。如果用数学语言来描述这种变化,多种主料与多种配料和味料之间的组合方式是无穷大的。事实上,很多品种都是这样衍生、发展和成名的。

❷ 调味之变

味道是品种的灵魂,正因为如此,调味在品种变化中所充当的角度就显得更为重要。通过调味而变,可演绎出无穷无尽的味道。

绝大部分的品种味道是以复合味为主,而世间可供食用的调味料成百上千,所以复合味的组成也有着数不胜数的排列组合。一些品种之间的区别,正是味道上的差异所构成的。

调味之变表现首先是调味原料的变化,这一点与原料的变化类似;其次在于各种调味料之间搭配的变化,不同的搭配便有不同的味道;再次是各种酱汁的出现,这使得品种创新可以有相当大的空间。这是近年来粤菜流行之道,大量酱汁的流行,促使了品种味道的变化,同时也大大地拓展了品种创新的空间。

❸ 烹法之变

烹调方法的变化在近年来的品种创新中起到了主导的作用。同一种原料可用不同的烹调法处理,或同一种烹调法可处理不同的原料,可演绎出不同的品种群。这已经是不争的事实。

❹ 季节之变

人的饮食口味会随着季节、气候而变化,原料的生长也会随着季节、气候而变化,因此,根据季节变化而演绎不同的品种,也是品种变化的基本途径。这一点,无论传统或现代,都已有大量成功的事实证明。

以季节而变主要反映在时令品种上。一方面,一些季节性强的原料,如部分蔬菜和野味,就必须根据季节的变化而制作不同的时令品种。粤菜就有春天吃通菜、夏天吃芥菜、秋天吃菜心、冬天吃生菜的习惯,围绕着这个时蔬变化,在不同的季节便有不同的时令菜,它反映了品种多周期循环的特点。另一方面,以人的季节性口味变化来演绎不同的时令品种,如粤菜有"夏秋清淡,冬春浓郁"之说,这就要求品种口味必须依照这个季节性的变化而变化,特别是一些以风味取胜的品种。

现在,原料的种植技术大为提高,使种植周期缩短,再加上保鲜技术的发展,又使原料的储存期延长,一些原料的季节性就不那么明显了,亦即出现反季节现象。另外,交通运输条件的逐渐完善,使可用原料的范围突破了地域的限制,减少了季节气候对原料的影响。这就是说,以季节变化来演绎品种的手段相对地少了,对演绎品种本身的要求提高了。

❺ 节日之变

餐饮经营的实践表明,凡是节日,饮食需求都会大幅度地增长,并且,在不同的节日里会表现出不同的需求特点。因此,根据各种节日来演绎品种,也是一个很实用的促销手段。

节日可分四类。第一类是法定的节日,如元旦、国庆节、劳动节、青年节、儿童节、建军节、教师节等。第二类是传统节日,如春节、端午节、中秋节、冬至等。第三类是地方性节日,如荔枝节、风筝节、中国进出口商品交易会、中国国际高新技术成果交易会等。第四类是西方节日,如圣诞节、情人节、父亲节、母亲节、复活节等。在所有节日中,以传统节日和地方节日较为隆重。可这样说,一年十二个月,基本每个月都有节日,这就给品种变化提供了非常广阔的范围。

以节日而变就是要根据节日的特点和习惯来演绎品种。法定节日的饮食消费对象主要是社团和单位,因而消费形式多是茶话会、座谈会或酒会,其品种变化可大可小。传统节日都有其特定的内容,如春节的团圆饭、元宵节的汤圆、端午节的粽子、中秋节的月饼等,这类节日的消费对象范围广,需求强劲,品种变化大有可为。地方性节日的饮食消费主要是商务或旅游客源,西方节日的主要消费对象是青年人,其品种变化也是可大可小。

❻ 主题之变

前面说到的原料、调味、烹法、季节、节日的变化之道,是就具体的手法而言。所谓以主题而变,即以上述变化之道为基础,依照某一促销主题变化而成的品种群,综合演绎品种变化之道。

在餐饮经营中,这实际上已成为品种变化的常用手法。现时粤菜流行的"老火靓汤",就是利用同一种方法去演绎不同的原料组合,类似的还是煲仔系列、啫啫系列、椒盐系列等。在星级酒店里,常常拟定以某个美食主题来进行促销,如串烧大汇、淮扬美食周、东南亚美食周等。

主题美食现在已经成为各大酒店进行餐饮促销的主要手段之一。

案例(9):菜单分析会

威海丽圆大酒店在开业之初曾以全市"五个第一"而闻名,如第一个在大厅安装感应自动门,第一个在楼前及屋顶亮起五彩缤纷的霓虹灯,第一个采用泛光灯装置等。不久,"丽圆"成了韩国商人的"商场酒店",被全国旅游界视为一绝,几年来客房出租率经常保持在100%,同样被视为涉外饭店的一大奇迹。

"丽圆"的尝试是大胆的,实践证明是成功的,其成功不仅仅在于采取了一条经营"怪"路子,而且还在于卓有成效的管理。

餐饮不是"丽圆"的强项,却同样受到领导极大的关注。大酒店刘总经理常与餐饮部几位主要负责人聚在一起研究菜肴的供应情况。

9月底的一个上午,在刘总的办公室里正开着一个小型会议,与会者除了刘总和总办主任外,还有餐饮部经理、厨师长和两位主管,每人手里拿着一份最近两个月的菜肴销售情况分析表。表的左侧是近阶段菜单上的15种菜肴的名称,最上面一行是日期,并注明星期几,每个星期结束有个"小计",表内主体部分是每种菜肴的销售量,表的最右侧是每天平均销售量。

"从本表可以看出,我们最近才推出的'清炒西葫芦'销售情况呈上升趋势。在8月份,从第一个星期的180份一直稳步上升,到第四个星期为270份,我认为在考虑新菜单的时候仍应保留此菜。"一位主管首先坦陈自己的看法。

"我同意。另外,我认为肉丸子砂锅也应该保留。一方面,这是我们的看家菜,已有相当的名声;另一方面,从销售情况看,每天的销售量始终保持在190份上下,变动范围在40份之内,这说明我们的客人喜欢这道菜。"厨师长接着发言。

"红煨羊肉的销售状况看上去波动较大,但如果仔细分析一下的话,其中有一定的规律,每到星期六和星期日它的销售量激增,在其余日子则情况平平。因此,这道菜有保留的价值,但在用料方面须做调整,星期六和星期日两天多准备一些原料,以满足需求。"餐饮部经理谈了自己的意见。

他们对每道菜进行了认真细致的分析,将销售情况呈明显下降趋势的以及近阶段内一直居低不上的 4 道菜删去,餐饮部经理和厨师长提议试销葱爆腰花和蚝油牛肚等 6 道菜,获得一致赞同。

三、怎样策划餐饮促销

有关餐饮促销方面的论述,许多专家和成功者已经说了千条万条。这里,只是着重在操作方面来考虑:怎样策划餐饮促销? 这包括选择促销形式、选择促销契机、分析客源、了解自己、包装促销主题、写出计划等内容。

(一)选择促销形式

餐饮促销形式可以是多种多样的,而且不断地推陈出新。归纳起来,有特别介绍、主题美食、优惠促销等。

首当其冲的是大厨特别介绍。这是最常见的形式,几乎每个中高档以上的餐饮企业都在使用这种方法。

它以灵活多变、周期短、成本低而深受业内人士喜爱。大厨特别介绍的形式是灵活多样,可以是 10 个品种,也可以是 15 个品种,这取决于餐厅促销的需要,许多新品种的试销都是采取这种方式进行的。这种方式可以是以 1 个月为一期,也可以是以 20 天为一个周期,在很多餐饮企业内,大厨特别介绍是定期(一般是 1 个月为限)推出,以保持"常吃常新"的形象。只要行政总厨想出了品种,经营业部核价,做出一个台卡和 POP,就可以"出街"了(与顾客见面),其制作成本低廉,花费不大,又能起到很好的促销效果,是很多餐饮企业管理者钟情的促销形式。

主题美食在餐饮正常经营的基础上所举办的多种形式的系列品种推销活动,是现时流行的经营促销手法。主题美食可以是各种美食节,如"东南亚美食节""蟹节""西部风情美食节""淮扬美食节""荔枝美食节"等;可以是某些商家的产品展销,如"家乐美食周""阿拉斯加海产品美食周""李锦记调味品美食节"等;也可以是政府举办的美食周,如"广州旅游美食节""东莞荔枝美食节"等。

优惠促销就是指采取一些优惠的手段来吸引顾客,从而达到促销的目的,这也是许多餐饮企业常用的促销形式。如上面说到的价格促销和品种促销,还有赠品促销等。

其他的促销形式如信函促销、文艺表演、厨艺表演等。

(二)选择促销契机

选择什么时机进行促销,这是值得考究的问题。如果时机选择不好,会"吃力不讨好",甚至会"好心办坏事"而浪费资源。

这里提供若干思路以供参考。

以本企业本身发展需要为契机。餐厅开业,这是搞促销的好时机,可以利用餐厅开业之际,大做文章,以造成声势,从而迅速扩大影响,树立餐厅的市场形象。当餐厅生意比较稳定时,可以搞些促销活动,使餐厅在顾客心目中保持"常吃常新"的形象。在餐厅生意惨淡时,可以利用有效的促销活动使餐厅生意"起死回生"。在餐厅转换投资者,或转换经营者,或转换行政总厨时,可以策划促销活动,借以转移顾客的注意力,减少负面影响。

以国内外各种有影响的节日为契机。各种节假日是餐饮企业进行促销的大好时机,也是餐饮企业经营的突破口。对于中国传统的节日(如春节、中秋等),餐饮企业可进行宴会促销,对一些现代逐渐流行的西方节日(如圣诞节、父亲节、母亲节等),可进行套餐、表演等内容的促销。利用节日进行各类促销活动已经成为餐饮经营的惯例。

以本地区即将举行的重大事件为契机。以地方重大事件和活动进行促销,一方面可以宣传、扩大影响,另一方面可以吸引更多的客人来就餐。如在广州市举行的中国进出口商品交易会,就是广州市每年都会发生的重大活动,在交易会期间,各餐厅都进行相应的促销活动,吸引交易会来宾就餐,以扩大影响。如果餐饮企业作为重大活动的参与者或协办者,那效果就会更好。

以本店有影响的活动为契机。有时餐饮企业为了宣传、扩大自身的知名度,也会找出一些事由来借题发挥,如开业周年纪念,接待某著名运动员、政客、明星等,利用这些活动进行相应的促销能够起到轰动效应。

以国内外重大比赛为契机。这种选择一般是国内外比较关注的重大事件,以比较轻松自如的文娱、体育活动为主。如奥运会、亚运会、世界杯足球赛等,选择这些国内外客人都比较关心的重大比赛为契机,可以为客人提供聚会交谈的场所。比如,在世界杯足球赛的日子里,就可以搞一些与此有关的品种促销和竞猜活动,以促进销售经营。

(三)分析客源

餐饮企业管理者必须知道,好的主意是随时可以有的,但主意要变成行动、变成一种绩效却没有那么容易了。任何促销活动都与客源市场息息相关,因此,管理者要彻底分析客源市场状况,才能进行有效促销活动。

分析客源一般要考虑如下问题:

谁是顾客?这是分析客源的首要问题。绝大部分餐饮企业管理者都应该清楚自己的市场定位,因此,要回答这个问题应该不是很困难的事情。

顾客需要满足的是什么?这实际上就是满足需求的问题。随着生活水平和质量的提高、旅游业的发展、商务往来的频繁、家庭劳务逐渐社会化,人们从温饱型向享受型过渡,从单一的追求"口味"转向追求多层面的"味外之味",如方便、舒适、体面、享受,在客观上培育出一大批现实的饮食需求。广州市餐饮企业近10多年的经营方式的变化就是个例证。20世纪80年代初,还是守着一日三餐不变,到20世纪80年代中期,改为一日经营五餐,在时间上突破了传统的局限,食街和饼屋等崭新的经营方式开始流行;20世纪90年代开始,饮食与娱乐相结合,各式各样的饮食"专门店"横空出世,中高档食府逐渐流行,千帆竞争,各领风骚。"顾客所需要的,就是我们所要做的"已经成为餐饮企业经营的一个信条。

顾客尚未满足的是什么?这就是发掘顾客尚未满足的需求,将它变为现实的需求,也即是创造需求。如果说,满足需求是为了餐饮企业生存的需要,那么,创造需求就是为餐饮企业发展的需要。创造需求就是将食品、服务和情调重新组合和演绎成一种新的经营方式和经营理念,或是在食品中变换出新花样,或是在价格上创造出更多的诱惑力,或是在服务项目和质量上更上一层楼,或是在情调中演绎出"新意思",或是在品牌、广告上创造出与众不同的品位等。创造需求就是诱导消费,只要你的新品种能够为顾客接受并喜爱、只要你的价格促销能够让顾客感到满意、只要你的服务项目和质量能够得到顾客的认可、只要你的情调能够变换出新花样、只要你的广告能够激发顾客新的消费需求,那么,就等于创造了市场,就等于提高了市场占有率,就等于赢得了某种竞争优势。餐饮企业大量成功与失败的事实已经说明了这一点。

因此,可以这样说,21世纪的餐饮企业不是没有生意做的问题,而是怎样做生意的问题。

案例(10):广州流行食街

从前,广州人所接受的食街概念,是局限在一条马路两边,各种各样的小餐馆、大排档和小食店林立,顾客要尝遍各种小吃风味,须从此店到彼店轮转,虽说热闹兴旺,但总是脏乱不堪。那时候,广州人似乎不曾想到这是一种麻烦。

然而,1983年底某酒店开张,展示在广州人眼前的是一个崭新的经营方式。在五六十米长的餐厅里,布置得别开生面:古色古香的装饰和壁灯,屋角陈列着刀枪剑戟,墙上悬挂着木桨、锄头和蓑衣;进门口处还摆着一张古老的竹椅,上面挂着开笼雀;结账柜上有黑底金字书"钱庄"的木牌,使人想到当年北宋汴京的大相国寺或者是明清时代广州的十三行;餐椅没有靠背,餐台是古朴的农家方桌,就连茶杯等餐具都是二三十年代的式样;餐厅的一面是用玻璃间隔的展示式厨房,分成面食、炖品、小炒、烧卤、雪糕等分间,可看到厨师在里面的活动;服务员身穿灯笼裤和红色绣襟衫,面带微笑,如燕穿梭。一切是那么整洁雅致,古朴淳厚,不像大排档,但却是大排档。这就是新的食街经营方式!

广州人马上发现这种经营方式的好处;它把各种地方小吃汇集在一个空间,顾客坐在台边,就可遍尝到各种风味;它没有宴会大餐厅那种气势,却充满着市井风情,特别适宜于情侣知己和亲戚朋友的小斟小饮;它的经营时间从早上直至深夜,填补了一日三餐之外的时间空白,大大方便了各种顾客的选择;它情调独特,干净卫生,服务周到,绝对是小吃店和大排档之流所不能比拟的。

于是乎,广州人潮水般地涌向食街,广州市餐饮业兴起了食街热,各酒店酒家纷纷办起食街,仿佛没有食街就活不了……

（四）了解自己

了解自己就是对本餐厅和出品部门的状况做出客观地评估。

每个餐饮企业管理者都可以想出很多富有创意的促销主意,但是,谁也不能忽视:在特定的经营时期内,在特定的烹调水平上,在特定的餐厅环境中,在有限的资源利用上,管理者能够做什么?

在这方面,如下问题是值得管理者考虑的:促销的目是什么? 每一次的促销,它不是孤立的,它是一个餐饮企业在发展过程中的一个特定阶段经营理念的具体表现。我们知道,一个餐厅的形象和声誉是通过长期的经营积累而建立起来的,也正因为如此,每一次的促销活动,都是建立餐厅形象和声誉的具体过程。管理者在确定促销主题及其内容时,应该将长期设想与短期目标相结合,才能使餐厅具有可持续发展的后劲。

你的烹调水平能够做什么? 餐饮所有促销都离不开品种这个母题,所以,管理者必须考虑,出品部门的烹调水平是怎么样的? 比如,要搞"冰镇系列"品种(如白鳝、大芥菜等)促销,你就要考虑:你的厨师能否真正领会"冰镇"的妙处,是否能真正做到(特别是在大量供应的情况下)你所要求的质量水平。了解这一点很重要,因为如果出品水平不能保证的话,其促销效果很容易适得其反。

你的餐厅环境可以做什么? 比如要设立一个展示台(ShowBar),它摆在哪里? 怎样摆法? 比如要将某个品种的最后烹调程序拿到餐厅烹调车上做(即粤语"堂做"),那么,会有什么影响? 油烟怎样处理? 比如要进行时装表演,你的餐厅是否具备了相应的条件(如T形舞台、灯光、音响)? 诸如此类。实际上,餐厅的空间资源是有限的,要进行某个促销活动,就必须要考虑餐厅资源的配置和利用问题。

你有多少钱可以用? 这也许是最关键的。印刷宣传品需要钱,做广告需要钱,装饰一个圣诞节气氛当然也要用钱,就算是设计一个展示台,也需要钱。所以,你只能"看菜吃饭"。因此,精明的管理者通常是以充分利用现有的资源办实事、办好事,或者是想出足够的理由和完善的促销方案去说服投资者。

（五）包装促销主题

确定促销主题要解决包装问题。促销的主题至关重要,它决定了整个促销活动对市场的吸引力,也是宣传广告、餐厅装饰、服务形式、销售方式的中心内容。

选用什么样的主题,取决于促销的目的和目标市场的承受能力。任何促销主题的包装,要考虑目标市场的"口味"和特点,要考虑诉求于市场的表达方式,要将其促销内容以及"卖点"突显出来。

比如要进行龙虾促销,其内容是降价销售,但在促销主题的确定上,可包装为"龙虾风暴",或美其名曰"震撼价格""惊喜售价"等;某酒家进行"浓汤大碗翅"促销,可在"浓"字上做文章,如"浓情浓意浓味";某餐厅进行传统品种促销,其促销主题包装为"陈旧的,就是温暖的……",显示出深厚的文化底蕴……

促销主题的包装确乎讲究创意,没有创意的促销包装是难以有吸引力的。表10-1列出了全年促销安排,以供参考。

表 10-1　全年促销安排(供参考)

月份/月	促 销 内 容
1	春节团圆饭
2	野菌美食
3	东南亚美食
4	田基美食
5	劳动节美食、端午节粽子美食
6	淮扬点心品尝
7	夏日水果美食
8	缤纷夏日冰凉食品
9	中秋节团圆饭
10	国庆节美食
11	潮州美食
12	圣诞节情人套餐、元旦迎新套餐

(六)写出计划

从操作角度说,任何促销活动的实现都是从计划开始的。管理者必须根据构想写出一份有说服力、有条理的促销计划。

促销计划的要素如下:

(1)促销主题和目的;

(2)促销推广日期;

(3)促销地点和时间;

(4)促销品种设计;

(5)广告宣传策划;

(6)餐厅装饰要求;

(7)餐厅培训要求;

(8)跟进;

(9)促销预算和收益评估;

(10)注意问题。

案例(11):东莞某酒家促销策划方案

一、市场分析

【现状简析】

(1)开业不到半年。

(2)没有做大规模的相关宣传。

(3)该食府在该区域的知名度不高,公众认可程度不高。

（4）该食府内各功能部门之间运作不太协调，员工和部门的操作在慢慢磨合，但总体上不是太协调。

（5）经营品种以粤菜为主，还没有创造出有特色或认可程度较高的招牌菜式。

（6）主要竞争对手是：长安大酒店，乌沙大酒店。

【客源简析】

（1）该食府的客源是以周边单位、公司消费为主体，估计该类消费额占营业总额的70％以上。

（2）该食府的餐厅设计及其经营价格均属中高档，位置处于长安镇的厂区，与周边的居民住宅区有一定距离。

（3）散客占比重不大，这说明该府的认可程度还不是很高。

【初步结论】

由上述分析得出，该食府目前尚处在经营的新生时期，在这个时期内，如何形成特色，如何提高社会的认可程度，如何创造该食府的招牌特色，是非常重要的。

从竞争角度上看，该食府在餐厅环境、出品质量、服务方式等方面存在着一定的优势。

二、促销设想

12月份正处于餐饮企业赚钱的黄金时机。圣诞节、元旦、民间婚宴、社团年会等。所以，整个促销基点以宴会为主，根据市场目标与自己的实力，将宴会包装成既符合市场需要，又符合食府实际情况的餐饮产品。此中关键的是包装问题。

促销宣传主题拟定为"新世纪，新形象，新口味，新感觉"。

该次促销的目的和意义：为即将到来的春节、元宵节做好铺垫；尝试创造食府特色招牌。

【产品包装】以各种宴会为基础，辅以其他的优惠方式。

【宴会分类】

A：单位年会

一类1300.00元；

二类1660.00元；

三类1880.00元。

B：婚宴：

一类888.00元；

二类1230.00元；

三类1888.00元。

C：新派狂欢夜

金色圣诞夜、元旦新派……（另议）

【优惠方式】

A：赠送相关纪念品（另议）。

B：提供酒水优惠（另议）。

【包装要点】

根据既定目标，将各类宴会包装成与整体既相关又独立的促销产品。

【宣传规模】

印发广告品。1万份。内容包括宴会推介、优惠方式等。

有线电视广告。11月下旬开始播放，当地收视范围，频率为2次/天以上。

【户外POP】

A：在食府的外围拉一道大型的宣传促销横幅，内容是促销主题。

B：长安镇主要街道拉横幅，内容是促销主题。

【上门公关】派出若干人员到长安镇大型企事业单位、工厂派发宣传广告品。

三、具体操作

如表 10-2 所示。

表 10-2　20××年 12 月促销计划一览表

序号	项目内容	完成时间	负责人
1	促销计划上报董事局、董事长	11 月中旬	餐饮部经理
2	定出各种宴会菜单	11 月 15 日—11 月 20 日	营业部经理、行政总厨
3	各品种成本、售价、毛利率核算	11 月 20 日—11 月 25 日	餐饮总监
4	联系宣传广告版面设计和印刷	11 月 25 日—12 月 5 日	餐饮总监
5	联系制作有线电视广告	11 月 25 日—12 月 5 日	餐饮总监
6	联系制作户外 POP	11 月 25 日—12 月 5 日	行政部经理
7	各项促销宣传出街	12 月 10 日	各上述有关项目负责人
8	宴会原料组织	12 月 10 日备料	行政总厨
9	上门公关	12 月 10 日—12 月 20 日	公关部经理
11	服务员培训	12 月 10 日开始(预计 3 次)	餐饮总监、楼面经理
12	大堂 POP 装饰	12 月 20 日	相关负责人
13	大厅 POP 装饰	12 月 23 日	同上
14	厅房 POP 装饰	12 月 23 日	同上
备注			

四、促销预算

略。

五、操作要点

(1)务必让全体员工熟悉此项活动内容。

(2)营业部做好宴会登记。

(3)各操作项目的负责人要严格按要求完成分配任务,以食府利益至上。

(4)董事局必须给予全力支持。

思考题

1.举例说明价格促销策略的应用。

2.举例说明效用递减规律的影响。

3.举例说明品种变化之道。

4.怎样策划一个餐饮促销?

主要参考文献

[1]　严金明.广东小吃[M].北京:中国轻工业出版社,2002.

[2]　虞迅,严金明.现代餐饮管理技术[M].北京:清华大学出版社,2003.

[3]　黄明超,严金明.粤菜烹调工艺(上册)[M].北京:清华大学出版社,2007.

[4]　严金明,徐文苑.旅游与酒店管理案例[M].北京:清华大学出版社,2004.

[5]　严金明,虞迅.粤菜烹调工艺(中册)[M].北京:清华大学出版社,2004.

[6]　严金明,谢东风.酒店理财[M].北京:清华大学出版社,2004.

[7]　严金明.粤菜烹调工艺(下册)[M].北京:清华大学出版社,2004.

[8]　严金明.食品雕刻[M].北京:中国轻工业出版社,2002.

[9]　徐文苑,严金明.饭店前厅管理与服务[M].北京:清华大学出版社,2004.

[10]　翁钢民,严金明.饭店管理概论[M].武汉:华中师范大学出版社,2007.

[11]　沈为林,严金明.广州名小吃[M].郑州:中原农民出版社,2003.

[12]　严金明,陈焕盛.广东餐饮丛书——果蔬雕刻[M].北京:中国轻工业出版社,2003.

[13]　严金明,有毅,林洪.广东餐饮丛书——像生拼盘[M].北京:中国轻工业出版社,2003.

[14]　李丽,严金明.西餐与调酒操作实务[M].北京:清华大学出版社,2006.

[15]　严金明,任明哲.餐饮服务与管理[M].北京:北京师范大学出版社,2012.

[16]　陈玲.酒店管理信息系统[M].北京:北京交通大学出版社,2014.

[17]　李勇平.现代饭店餐饮管理[M].上海:上海人民出版社,1998.

[18]　黄文波.餐饮管理[M].天津:南开大学出版社,2000.

[19]　吴克祥.餐饮经营管理[M].天津:南开大学出版社,2001.

[20]　苏伟伦.宴会设计与餐饮管理[M].北京:中国纺织出版社,2001.

[21]　邹益民,黄浏英.现代饭店餐饮管理艺术[M].广州:广东旅游出版社,2001.

[22]　吴克祥.餐饮经营谋略[M].沈阳:辽宁科学技术出版社,1999.

[23]　赵承金,赵情.现代饭店餐饮管理[M].大连:东北财经大学出版社,1999.

[24]　陈尧帝.餐饮采购与管理[M].沈阳:辽宁科学技术出版社,2001.

[25]　蔡万坤.餐饮管理[M].北京:高等教育出版社,1998.

[26]　张帆,蒋亚奇.餐饮成本控制[M].上海:复旦大学出版社,2000.

[27]　曾郁娟.餐馆留客实例分析[M].广州:广州出版社,2001.

[28]　曾郁娟.顾客应对技巧[M].广州:广州出版社,2001.

[29]　汪纯孝.饭店管理会计[M].上海:上海交通大学出版社,1986.

[30]　邵万宽.美食节策划与运作[M].沈阳:辽宁科学技术出版社,2000.

[31]　马开良.餐饮生产管理[M].北京:科学技术文献出版社,1996.

[32]　饶勇.现代饭店营销创新500例[M].广州:广东旅游出版社,2000.

[33]　许少澎.创品牌为餐馆赚钱[M].广州:广州出版社,2001.

[34]　宋晓玲.饭店服务常见案例570则[M].北京:中国旅游出版社,1996.

[35]　国家旅游局人教司.厨房管理[M].北京:中国旅游出版社,2000.

这是一本探究厨政管理实务的书。

厨政管理实务在这里被解释为知识、能力、技能、手段等要素的动态组合,只有各个要素按照特定的结构组合并发挥作用时,才形成厨政管理实务。

厨政管理实务是综合的。厨政管理博大精深,微妙无穷,它涉及多方面的知识点,如管理思想、营销观点、服务意识、心理认识、行为模式、烹调技术、成本控制、平面布局等。

厨政管理实务是多层面的。整个厨政管理本身就是多层面、多流程的有机组合,所以,这种技术的构成显示出厨政管理多姿多彩的层面。比如,有员工操作层面,有功能部门成本控制的层面,有整体促销策划的层面,有点菜单控制层面,有储存量控制层面,等等。

厨政管理实务是可操作的。这就意味着它涉及"做什么""怎样做"的问题。它是建立在某种知识点上的操作技巧,以及对问题的解决方案选择(如怎样控制烹调过程中的原料成本)。

厨政管理实务"有法而无定法"。有法是基础,是规律,如布局流向必须有法。无法是变通,是灵活;有法显示了必然、程序和标准,无定法显示了偶然、非程序和弹性,有法而无定法,就是师古而不泥古。

这些就是本书的特色。不能说这是一本很全面的书,但它却是一本带有探索意义的书。

笔者入行 38 年来,曾是厨师,做过职业经理人,现在是大学老师,虽然不敢说是经验丰富,但总算能够"悟道"些许。早在 20 世纪 90 年代末期,便开始思考此类问题,直至今天,才与各位同行、读者分享"悟道"之谈。

广东餐饮业得改革开放之先,无论是在经营理念、管理方式、经营方式上在全国同行独树一帜,这是不争的事实。诚然,长期以来,广东餐饮业"后厨管理"在经营实战与研究方面的发展极为不平衡,这本书能否作为对后者的一种补偿,有待于同行和读者的鉴定。

在本书的编写过程中,参考了大量有关餐饮管理、厨政管理的书籍和资料,在此,向这些书籍与资料的作者虞迅先生及其他同行表示诚挚的感谢。同时,本书的编写得到了全国餐饮职业教育教学指导委员会副主任委员、中国烹饪协会特邀副会长、哈尔滨商业大学中式快餐研究发展中心博士后科研基地主任、国务院特殊津贴专家、教育部专家组成员、博士生导师杨铭铎教授的亲自指导与审稿。广州严厨餐饮管理有限公司 CEO、中山大学旅游管理硕士研究生付炎先生,河南科技学院崔震昆博士、太原技师学院刘建鹏大师均做了大量工作,华中科技大学出版社编辑汪飒婷老师策划、校正了书稿并提出许多宝贵意见,本书同时得到了酒店业知名人士顺德职业技术学院酒店与旅游管理学院陈健院长的指点和帮助……借此,向关心和支持《厨政管理实务》的各位友人致以真诚的谢意!